溃坝应急预案本体模型构建及其进化机制研究

主 编◎杨德玮 刘 帅

副主编◎陈莹颖 杨九刚

董 凯 徐成军

U0395300

河海大学出版社

HOHAI UNIVERSITY PRESS

·南京·

图书在版编目(CIP)数据

溃坝应急预案本体模型构建及其进化机制研究 / 杨
德玮,刘帅主编. -- 南京:河海大学出版社,2024. 12.
ISBN 978-7-5630-9310-6

Ⅰ. TV698.2

中国国家版本馆 CIP 数据核字第 2024DL6398 号

书　　名	**溃坝应急预案本体模型构建及其进化机制研究**	
书　　号	ISBN 978-7-5630-9310-6	
责任编辑	彭志诚	
文字编辑	陈晓灵	
特约校对	薛艳萍	
封面设计	徐娟娟	
出版发行	河海大学出版社	
地　　址	南京市西康路 1 号(邮编:210098)	
电　　话	(025)83737852(总编室)　(025)83787769(编辑室)	
	(025)83722833(营销部)	
经　　销	江苏省新华发行集团有限公司	
排　　版	南京布克文化发展有限公司	
印　　刷	广东虎彩云印刷有限公司	
开　　本	718 毫米×1000 毫米　1/16	
印　　张	12.75	
字　　数	205 千字	
版　　次	2024 年 12 月第 1 版	
印　　次	2024 年 12 月第 1 次印刷	
定　　价	78.00 元	

前言 / Preface

在信息全球化的时代背景下，水库大坝作为重要的基础设施，其安全管理水平和应急响应能力的提升已成为全球关注的焦点。水库大坝一旦发生溃坝事件，不仅会对下游影响区域造成巨大的生命财产损失，还会对社会稳定和经济发展产生深远影响。因此，对溃坝应急预案的智能化管理研究，显得尤为迫切和重要。

本书旨在深入探讨和解决溃坝应急处置过程中的关键问题。通过对国内外应急预案智能管理研究现状与发展趋势进行分析，我们发现溃坝应急处置中存在多元信息融合难度大、不确定性演变机制复杂、非线性程度高、风险因子与处置对策动态演进难以表征等问题。针对这些问题，本书采用理论分析、工程推演、数值模拟等方法，对溃坝应急的不确定性、应急预案本体模型与进化机制、溃坝应急智能化等内容进行了深入研究。

本书的核心贡献在于构建了一个集领域知识共享、查询及交互为一体的溃坝应急预案知识本体模型。该模型涵盖了突发事件预测和预警、溃坝洪水分析、应急调度、应急抢险、转移安置、突发事件后果评价、应急预案有效性评价等关键环节；通过构建本体复合元进化框架，运用本体进化策略处理溃坝应急不确定性，可降低不确定性对应急方案的影响，实现溃坝应急动态反馈循环；最终形成决策信息实时共享、应急态势动态更新、致灾后果直观展现、决策效果自适应优化的溃坝应急全过程智慧管理方法。

全书由水利部交通运输部国家能源局南京水利科学研究院杨德玮、西华大学能源与动力工程学院刘帅主编、统稿，其他参编人员为：水利部交通运输部国家能源局南京水利科学研究院陈莹颖、伊犁州防汛抗旱服务中心杨九刚、水利部交通运输部国家能源局南京水利科学研究院董凯、江苏科兴项目管理有限公司徐成军。研究工作得到了南京水科院基本科研业务费项目"水库大坝安全四预能力支持业务应用系统(批准号:Y723008)"、西华大学校内人才项目"溃坝应急智能化方法研究(批准号:Z222059)"的大力支持。编写分工为:

杨德玮、刘帅、陈莹颖编写第一章;刘帅、陈莹颖、董凯、杨九刚编写第二章;杨德玮、陈莹颖、徐成军编写第三章;杨德玮、刘帅、陈莹颖、徐成军编写第四章;杨德玮、刘帅、杨九刚、董凯编写第五章;杨德玮、刘帅、杨九刚、董凯编写第六章;刘帅、杨九刚、徐成军编写第七章。

本书可供水利工程、应急管理等领域的科研人员、工程技术人员、管理人员及相关专业师生参考,希望能为溃坝应急管理的理论研究与实践应用提供有益借鉴,全力推动溃坝应急管理实现从传统经验型向现代科学型、从静态模式向动态模式的关键转变,推动水库大坝安全管理事业的现代化发展。

鉴于编者学识与能力有限,本书在编撰过程中恐存在疏漏与欠缺之处。在此,诚挚恳请各位读者及同行业人士予以批评指正,以便我们在后续工作中加以完善与修正,使本书质量得以进一步提升。

编者

2024 年 12 月

/目录/ Contents

1
绪论

1.1 水库大坝安全管理现状

中国是世界上水库大坝数量最多的国家,已建成各类水库大坝 94 877 座,总库容 9 999 亿 m³[1]。这些水库大坝是国家重大基础设施,是经济社会发展和国家重大战略实施的基本保障,是生态文明建设的重要载体,发挥了防洪、发电、灌溉、供水等各种功能效益[2]。但是随着水库大坝运行时间的增加,加上其本身工程运行的复杂性、运行环境变化的不确定性,以及一些外部作用力(如先天不足、管理薄弱、工程老化等多重因素)的影响,水库大坝发生异常甚至溃决失事的可能性会长期存在,严重威胁着下游地区人民群众的生命财产安全[3]。

根据水利部大坝安全管理中心统计[4],1954—2022 年,我国共发生溃坝 3 550 座,年均近 53 座,见图 1.1-1。从图中可看出,这段时间一共出现了 2 次溃坝高发期,分别是 1971—1981 年和 1959—1962 年[5]。1973 年,全国共溃坝 556 座,年溃坝率达 6.55‰;"75·8"特大洪水造成河南板桥、竹沟、石漫滩、田岗等大中型水库接连溃决,导致下游 2.6 万余人死亡和重大财产损失,是我国坝工史上最为严重的一次溃坝[6]。1991 年国务院颁布了《水库大坝安全管理条例》,强调大坝管理部门在进行除险加固工作前,应制定保坝应急措施,并对溃坝方式、淹没区进行预估,经过采取一系列措施后,我国水库溃坝事故得到明显控制[7]。进入 21 世纪后,我国溃坝数量大幅度减少,年均溃坝概率不到万分之 0.4,表明我国溃坝概率已经达到世界低溃坝率国家水准[3]。

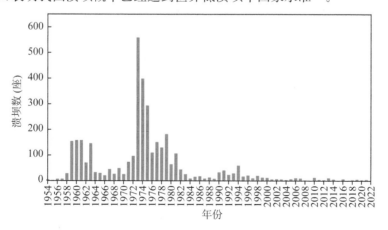

图 1.1-1 1954—2021 年我国历年溃坝数量统计图

　　虽然我国已经进入低溃坝率国家行列,但大坝风险管理体系尚处于发展阶段,在溃坝风险防控非工程措施建设方面仍相对落后,大多数水库特别是小型水库突发事件应急预案针对性弱,相应的应急管理响应机制还不完善,面对突发事件时的应对保障能力薄弱,不时还会发生溃坝事件,造成人民群众生命财产损失。2005 年 7 月 21 日,云南七仙湖水库由于工程质量差导致溃坝,又未能及时预警,造成 16 人死亡;2013 年 2 月,新疆联丰水库、黑龙江星火水库与山西曲亭水库接连因渗漏导致溃坝,其中联丰水库溃决造成 20 多人冻伤,1 人死亡[8];2018 年 8 月 1 日,新疆哈密市突遇大暴雨,使得涌入射月沟水库的洪峰流量超过水库 300 年一遇的校核洪水标准,再加上当地政府和相关部门未采取有效的应急处置措施,导致水库迅速漫顶溃坝,造成 28 人遇难。但是也有因为应急处置得当,溃坝后未造成人员伤亡的案例。如 2004 年 1 月 22 日,新疆八一水库因除险加固工程新建泄洪闸垮塌溃坝,由于及时疏散下游群众,未造成人员伤亡;2020 年 6 月 7 日,广西桂林沙子溪水库受强降雨影响,库水位超过校核洪水位,为极端不利工况,坝体沿强透水夹层产生渗透破坏,导致大坝滑塌溃决,所幸预警及时,未造成人员伤亡;2021 年 7 月 18 日,内蒙古永安水库、新发水库因超标准洪水导致漫顶溃坝,因处置得当,未造成人员伤亡。

　　国际上溃坝并导致重大生命财产损失的事件同样也屡有发生。1959 年 12 月 2 日,由于持续降雨,法国马尔帕塞拱坝由于坝肩孔隙水压力过大,引发坝肩失稳导致大坝溃决,造成 400 多人死亡,百余人下落不明,多户家庭流离失所;1976 年 6 月 5 日,美国提堂(Teton)坝发生管涌破坏而溃决,导致 11 人死亡,2.5 万多人无家可归,造成了高额的财产损失;2017 年 2 月 10 日,美国最高的奥罗维尔(Oroville)大坝泄洪导致溢洪道泄槽出现巨大塌坑,从而启动应急溢洪道泄洪,并紧急疏散下游近 19 万人,引起严重社会恐慌;2018 年 7 月 23 日,老挝南部阿速坡省一水电站大坝发生坍塌事故,造成了巨大的经济损失和人员伤亡,是老挝近十年内最为惨痛的一次溃坝事故。图 1.1-2 列举出了国内外一些典型的溃坝事故的图片。

　　欧美等发达国家为避免溃坝事故发生和减少人民群众生命财产损失,采取的主要手段就是建立健全完善的公共突发事件的应急管理机制,为每一座大坝提前制定溃坝应急预案,并通过经常性的演习检验其有效性,以此为依据加强突发事件的监测预警,及时安排抢险和组织人员按既定撤离路线转移,将生命财产损失减少到最低程度。例如,1985—1994 年,美国总共发生 400 多次水库大坝溃决事故,由于健全的应急管理机制仅造成 10 人死亡,90％以上溃坝事故得到了有效控制[9]。

(a) 法国马尔帕塞拱坝溃坝

(b) 美国提堂坝溃坝

(c) 中国板桥水库溃坝

(d) 巴西布鲁马迪纽溃坝

图 1.1-2 国内外典型溃坝事故图

随着经济社会的迅速发展,我国社会和公众安全意识越来越高,溃坝损失评估、预警和溃坝应急预案研究已成为重要的公共安全课题[10]。溃坝应急预案作为减轻溃坝突发事件后果的非工程措施,在溃坝应急中发挥了无可替代的作用[11]。科学有效的应急预案也代表了我国水库大坝安全管理方向的转变,从之前的"工程安全管理"变为"风险管理",结果也证实了这种转变是具有战略意义的[12]。

应急预案已经成为我国应急管理工作中非常有效和重要的工具,溃坝事件造成的损失是政府和公众无法承受的,因此溃坝应急预案应具有更强的专业性和针对性,更强调溃坝突发事件的可能性及其后果分析的科学性和精确性,在应急组织体系及人力资源保障方面应有更加严格的程序,在预案运行机制的预测预警、应急响应、应急处置、应急信息发布等方面应有更为科学规范的效率要求。但是从应急预案的管理和应用情况来看,我国还存在诸多不足,具体表现在以下五个方面[13]:①应急预案中涉及多个学科领域的知识,预案也是由多家单位协作完成和执行的,在信息交流中存在理解差别,且预案中包含非结构化、半结构化等数据形式,无法实现通用性,在各个平台之间数据信息的共享和传达较难;②溃坝应急预案中的流程未经过信息化处理,无法进行智能化推理,阻碍了计算机辅助决策;③应急预案传达指令时间长,当溃坝发生时,应急指挥部需结合具体溃坝险情级别,查阅响应细则后再给相关部门下达针对本次溃坝突发事件的应急指令,这个时间恰恰是应急抢险的黄金时间;④应急预案储存媒介有局限,主要是以文本形式存在,对于前往一线展开抢险和救援的工作人员而言,应急预案的具体阅读不便,重要信息的阅读也需要较长时间,电话交流时也会存在占线、信号弱等问题,使用不便、时间利用率低,增加了应急响应难度;⑤未针对应急预案中影响应急响应的要素进行不确定性分析,对于突发事件中的不确定因素考虑较少,无法在实景环境下快速高效地调整方案[14]。

溃坝突发事件具有蔓延性、复杂性、紧迫性和多范畴性等特点,一旦发生,情况瞬息万变,需要在极短时间内收集险情、雨情、灾情、地质情况等多维信息,并在多方协同下整合数据,科学快速地制定应急抢险和人员转移方案,并根据实时情况不断调整方案,尽可能控制险情蔓延并将人民群众生命财产损失降到最低。这一过程包括前期信息收集整理、预测预警、洪水演进及后果分析、应急抢险、人员转移和救援、灾后恢复等环节,每一环紧密相连,且存在多种不确定性因素,任何环节的偏差都可能导致更为严重的后果。传统的文本型应急预案以及人工编制方式已经无法满足科学、快速等实际需求[15],现代信息技术的发展和应用为溃坝应急智能化模拟提供了一个新的解决方案,探索适应新时代发展要求的应急形态及应用是当今新型现代化应急管理发展的趋势。

当前现代信息通信技术正在深刻影响着社会各行各业的发展,在国家水利信息化建设的大框架下,利用现代信息技术和手段,开展溃坝应急智能化研究,通过云计算、移动互联网等技术研发,模拟分析事件演化过程,科学客观地呈现灾害场景,为建立及时有效的应对机制提供专业支持。

通过水库大坝安全管理现状分析以及突出溃坝突发事件的研究意义,我们可以深入探讨当前阶段溃坝突发事件模拟、应急预案编制、应急管理和智能化等研究现状。这些研究方向对于提升水库大坝的安全性和应急响应能力至关重要。

在溃坝突发事件模拟方面,研究者已经利用现代模拟技术和先进工具开展了大量工作。数字孪生是一种新兴的模拟技术,它通过在虚拟空间中创建物理实体的精确复制来模拟水库大坝的运行状态。数字孪生技术可以帮助预测和模拟溃坝事件的发生过程,从而提前采取必要的措施来预防潜在的风险。

另一个关键领域是应急预案编制和应急管理,这对于及时应对溃坝事件至关重要。研究者们致力于开发全面且实用的应急预案,以指导各级政府、救援机构和公众在类似事件发生时的应对行动。与此同时,智能化技术的应用也成为提升应急管理能力的重要手段。例如,利用无人机、智能监测设备和远程传感器等技术,可以实时监测大坝的状态,并提供及时的预警和响应。

在"十三五"期间,水利部重点研发成果和《水利部大坝安全管理中心"十四五"发展规划》要为解决大坝安全问题和应急管理提供了方向和目标。"十三五"规划期间,水利部加大了对大坝安全的研究和投入,提出了一系列技术和管理措施,推动了行业的进步。而"十四五"发展纲要则进一步明确了未来水库大坝安全管理的重点和目标,强调了数字化和智能化的应用。

综上所述,数字孪生的应用、溃坝突发事件模拟、应急预案编制和应急管理等是当前研究的重要方向。这些研究内容将有助于解决大坝管理"四预"(预报、预警、预演、预案)中的"预案"问题,并成为实现智慧应急的核心手段。通过科学研究和技术创新,我们将能够更好地保障水库大坝的安全,应对潜在的风险,并为水利行业的可持续发展作出重要贡献。

1.2 国内外研究进展

1.2.1 应急管理研究进展

从全球范围看,由于各类突发事件的增加,应急预案受到广泛重视,继而成为各国研究和应用的热点,相关研究成果也随之增多。传统的应急预案虽然指出了相关应急流程以及行动指南,但由于其文本形式的局限性,在实际使用过程中存在不够直观化、翻阅查询困难等缺点。随着信息技术的发展,诸多学者开始在应急管理上运用数字化、地理信息化、地图可视化等现代信息技术手段,不断推进应急预案向智能化管理发展[16]。

国外发达国家对应急智能化管理的研究比较早,并开发了具有智能功能的应急管理系统[17],可有效地实现突发事件预测预警、事件动态模拟、应急物资调配、辅助决策等主要功能,基于此,还开发了手机端、电脑端的智能化预案系统,目前已经将智能化预案技术扩展到物流、学校、医院、军事、消防等多个领域。

20世纪50年代,美国政府制订了联邦救灾计划,于1979年成立了美国联邦紧急事务管理署(FEMA)[18-20],并在1980年左右开始应急管理理论与技术的研究,并构建了联邦、州及地方多层级的综合应急管理体系[21-22]。"9·11"恐怖袭击事件发生后,美国开始重新审视应急管理工作的内涵,随后成立了国土安全部[23-24]。2012年,美国国家航空航天局(NASA)大气科学数据中心将GIS运用于危机计划、应急响应和灾难管理,工作人员可以直接访问其构建的数据,提高了在灾难期间进行计划、响应、管理的能力[25-26]。2013年,Hosseinipour E Z、Trushinski B等人[27]在世界环境与水资源大会上提出了基于科学的大型和可信风暴事件分水岭模型,运用模型加强救灾和减灾规划,提高公众认识,并利用水文和水力模型绘制了洪水风险图,以此预先应对突发事件。随着应急智能化管理的探索,面对应急信息以及社会资源信息呈现爆发式增长趋势,美国就此研发了一批如国家应急管理系统(NIMS)、计算机辅助应急作业管理系统(CAMEO)等与应急相关的管理与信息整合系统[28]。其中NIMS为美国突发事件管理的核心系统,它在一定程度上提高了美国的应急管理能力,该系统提供了一个可扩展的基本框架,能灵活地进行扩展功能[29],其系统架构见图1.2-1。

英国政府非常重视其应急管理的建设[30],于2004年研发了一套具有较为完备功能的应急管理系统,并能够完成风险识别、事件后果预测、应急预案制订和评估、应急救援能力部署和应急演练培训等主要功能[31-33]。此外,英国的达特茅斯(Dartmouth)港口应急计划与管理系统[34-35]能够在突发事件发生的整个过程中发挥可视化展示的作用,该系统主要包含了应急预案整个计划、突发事件管理、应急预案方案分析等模块,而且它本身还能动态地根据外界的变化进行更新。英国部门间环境应急联动机制[36]建设的许多经验做法在国际上遥遥领先,而英国的这些应急产业政策及管理等方面的经验代表了英国未来环境应急处置救援工作和智慧应急产业的发展方向[37]。

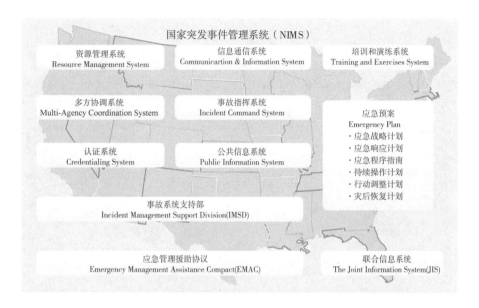

图 1.2-1 美国国家突发事件管理系统(NIMS)架构图

德国作为一个灾害频发的国家,其应急产业技术一直比较先进,整个应急管理系统也很发达[38-40]。德国非常重视智慧产业的发展,政府推动应急管理产业化,为应急管理的发展提供了许多政策上的支持。2001年,德国内政部建立了"德国危机预防信息系统",简称 deNIS[41-42]。系统的主要作用是将分散的信息资源数据进行整合,通过网络实现全国的应急工作信息汇总,为突发事件援救提供信息服务以及辅助应急管理工作。由于应急工作者和公众所需的信息不同,因此德国在此基础上开发了 deNIS Ⅱ系统,建立了一个统一的数据服务中心,将动态数据与静态数据进行整合存储,其交互式态势图是整个系统运转的核心,具体功能见图 1.2-2。

作为自然灾害多发的国家,日本非常注重从灾害中吸取教训,并将先进技术运用于应急管理中,推动其应急管理工作,提高应对突发事件的应急管理能力。经过多年的经验累积,日本已经建立内阁官房应急协调机构指挥,并制定《内阁法》《灾害对策基本法》等法律保障,政府间的横向和纵向互助合作的应急管理机制[43-44]。日本将突发性灾害事件管理划分为危机前、危机中和危机后三阶段,并在 1990 年由政府研发出一套可评价各县、道等应急管理能力的程序,主要包括灾害识别能力、资源管理调度、应急预案实际工作、应急管理知识

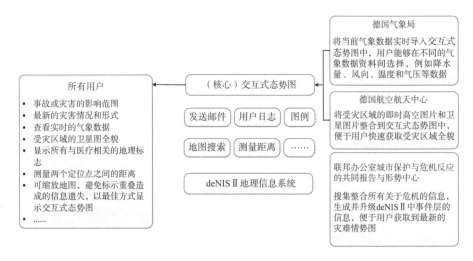

图 1.2-2　德国危机预防信息系统(deNIS Ⅱ)交互式态势图

培训指导、后期恢复等应急管理内容[45-47]。

　　随着 1998 年特大洪水、2003 年"SARS 危机"等一些重大突发性灾害事件的发生,我国加紧了相关突发事件应急管理体系的建立和完善[48-51]。2005 年以后,我国针对各类应急预案进行了编制和完善工作,逐步建立起具有中国特色的应急管理体系,开始向正规化、规范化以及制度化的方向发展[52-53];2006 年《国务院关于全面加强应急管理工作的意见》[54]中指出,当前国家应对突发事件的主要工作方向是提高突发事件应对能力,主要方式是推进国家应急平台体系建设;2007 年,水利部发布并实施《水库大坝安全管理应急预案编制导则(试行)》[55],标志着应急管理工作正式纳入水库大坝安全管理内容中;2018 年,国务院组建应急管理部,明确了构建公共安全管理体系的新要求,将相关部委的应急抢险救援、防灾减灾职责进行整合,进一步完善应急管理体制,形成了适合我国国情的平战结合、专常兼备的应急体系,提高了防灾、减灾、救灾能力[56];同年 10 月,中央财经委员会第三次会议强调,运用现代化信息技术开展多灾害监测、风险早期识别等的研究,精准识别突发事件的关键点,形成科学高效的自然灾害防治体系。2020 年 2 月 14 日,习近平总书记在中央全面深化改革委员会第十二次会议中强调,要完善重大疫情防控体制机制,健全国家公共卫生应急管理体系,提高应对突发重大公共卫生事件的能力水平[57]。水库溃坝是典型的突发公共安全事件,同样也应该加强应对突发事件的防控能力。因此,水库大坝风险识别、监测预警与应急预案属于国家自然灾害防治体系建设的重点环节和重要任务。

在突发事件应急管理领域,我国部分城市已开始建设政府级别应急平台,通过智能化平台提高应对各类突发事件的能力,更加科学地预防、预测事件,减轻突发事件造成的影响后果,有力减少突发公共事件造成的损失[58-61]。刘畅等[62]研发了基于语义 Web 的可解决应急预案效率低、无法共享等问题的应急预案数字化系统,极大提高了信息共享、预案发布、应急决策效率等,为数字化应急管理提供了技术支持。陈海洋等[63]面对日益频发的突发性环境污染事故,利用信息、通信、网络以及数据库等技术,研发了包含应急处置、决策、评估以及应急预案管理等功能的系统指挥平台,提高了应对环境污染事故的应急管理能力,实现了应用协同集成管理。2012 年,长江科学院、中国长江三峡集团公司、长江流域水资源保护局三家单位联合研发出应对长江水利突发事件应急管理的智能响应系统,是集空间维度的可视化平台展示,监测信息的二维、三维的多种动态管理,GIS 实时洪水的相关计算,多模型耦合与协同调度等功能为一体的智能应急指挥系统[64]。吕雪等[65]基于 J2EE 架构,采用功能引擎的技术框架,开发了信息安全应急预案管理系统,将系统的开发效率进一步提高。孟川舒等[66]基于北斗卫星导航系统(BDS),抽取出应急预案相关内容,将其中可操作的流程融入系统,并基于 GIS 的辅助处置技术,建立了铁路局应急管理平台综合型系统。郑国军等[67]将应急预案理解为由一系列工序及其之间的逻辑关系所构成的应急处置流程,将应急预案进行动态重构,据此开发了具有监控、评估、决策等功能的应急系统。李文峰等[68]为解决矿山应急救援信息独立、维护困难等问题,运用云计算、大数据、互联网等手段,研发了矿山应急救援平台系统,以期提高救援的效率,最大限度降低事故损失。刘君等[69]在分析突发事件应急救援机制以及信息共享机制基础上,从公路突发事件角度出发,开发了以智能管理、辅助决策等功能为一体的系统。张莹等[70]针对地震应急预案缺乏可操作性等缺点,考虑了不同地方的地理环境,设计了一套针对县(市)的地震应急处置辅助决策系统,为科学决策提供了有效的建议。

综上所述,信息技术与智慧应急是应急管理领域的关键研究方向之一。随着信息技术的迅猛发展,其在应急管理中的应用潜力越来越受到重视。研究人员致力于开发和利用信息技术,构建智慧化、智能化的应急管理系统,以提升应急响应的效率和准确性。我国已经开展应急管理平台建设,并在各行各业都开展了相应研究,但在某些具体行业还未建立完善的应急管理系统。

1.2.2　应急预案编制进展

应急预案编制作为应急管理领域的关键研究方向,旨在通过制定有效的预案,规划和组织应对紧急情况的行动,以保护人民群众生命财产安全,确保社会运行的连续性和稳定性。应急预案编制涉及多个学科和领域的知识和技术,包括风险评估、灾害管理、决策科学、社会心理学等。通过系统性的规划和准备,应急预案编制能够提前识别潜在的风险和威胁,提高组织和社会的抗灾能力和恢复力。

在应急预案编制的过程中,研究人员需要收集、整合和分析大量的相关信息,包括灾害历史数据、风险评估报告、应急管理法规和政策等。基于这些信息,他们可以制定预案的目标和策略,并确定应急响应的组织结构、行动计划和资源配置。此外,还需要考虑不同阶段的预案执行、信息共享、协调和沟通的机制,以确保预案在实际应急情况下的有效性和适应性。

在国内,应急预案编制研究主要有以下几个方向。首先是决策支持技术的应用。国内研究人员致力于将决策支持技术应用于应急预案编制中,如提出基于模糊评价和层次分析法的决策模型,以帮助决策者评估和选择最优的应急预案。如孙延浩等[71]探讨了基于模糊层次分析法和证据推理的铁路应急预案评价方法,研究人员应用这些方法对铁路的应急预案进行了评估,提高了决策者在预案编制过程中的决策效果与可行性。其次是应急预案的社会参与与协同。研究人员对社会参与与协同在应急预案编制中的作用给予了关注,探索如何有效地引入利益相关者,促进多方合作并增强应急预案的执行力。如颜鹏[72]围绕自然灾害应急管理中基层政府与社会组织的协同作用展开研究,以阜宁"6·23风灾"为例进行研究,发现在灾害应对过程中,基层政府发挥了主导作用,社会组织则提供了重要的物资、技术和人力支持。双方通过有效的协同机制,共同完成了救援和恢复工作,取得了显著成效。然而,研究也指出了协同过程中存在的沟通不畅、社会组织专业能力不足等问题,并提出了加强沟通协作、提升社会组织能力、完善支持政策等建议,以优化未来的应急管理协同工作。最后,国内研究人员在风险评估和灾害防控领域也开展了大量研究,以支持应急预案的编制。这些研究涉及灾害风险评估方法、灾害响应策略等,为应急预案的制定和实施提供了科学依据。如方伟华等[73]提出了一种多灾种重大灾害情景构建与动态模拟有效支撑灾害风险评估与防范的方法。研究人员发现当前多灾种重大自然灾害的发生频率与影响呈现增加趋势,发展多灾种情景构建与动态模拟技术可在一定程度上为防灾减灾工作提供技术支撑与科学决策依据。

国外则注重决策支持技术的应用、跨学科合作与国际合作项目以及自动化技术的应用。首先,在决策支持技术的应用方面,国外研究人员借助先进的决策支持技术,如多目标优化模型、模拟和优化方法等,来增强应急预案编制的决策质量和解决复杂问题的能力。如 Sköld Gustafsson V 等[74]探讨了在面对多种自然灾害时,紧急响应系统中的规划和决策制定所面临的新挑战,强调了在自然灾害管理中,特别是在应对多重自然灾害的情况下,确定有效的决策支持需求的重要性。通过采用活动理论方法,研究旨在提高紧急响应系统的效率和效果。其次,在跨学科合作与国际合作项目方面,国际研究机构和学术界开展了跨学科合作,将多学科的知识与专业技术相结合,提升应急预案编制的质量。此外,一些学者也开展了多项关于应急预案模拟的国际合作项目,促进了各国之间的经验共享和合作。如 Lahiri 等[75]探讨了跨学科团队在自然灾害准备和响应中的作用。研究指出,跨学科团队越来越被认为是解决复杂问题的关键联盟,特别是在自然灾害的背景下。通过案例研究,跨学科团队探讨了促进和阻碍这种合作的因素。最后,在自动化技术的应用方面,国外研究人员开始探索并利用自动化技术,如通过人工智能和自然语言处理,自动生成应急预案。这样的技术可以提高预案编制的效率,并减少人为错误的风险。如 Habib 等[76]利用物联网(IoT)技术开发出一个自动化的交通事故检测与紧急响应系统,提出了一个基于物联网的系统架构,可以在紧急情况下自动触发响应措施,并实时收集和分析有关紧急情况的数据,以支持决策和应急管理。

总体而言,国内外在应急预案编制领域的研究进展表明,人们对于提高应急管理能力和应对紧急情况的效率和效果有着长期关注。通过不断创新和跨学科合作,应急预案编制已经取得了许多有益的成果,但仍然需要关注实践应用和与各利益相关者的合作,以确保预案编制的可行性和有效性。此外,随着科技的不断发展,新兴技术如物联网、大数据等在应急预案编制中的应用前景广阔。这些技术的应用能够提供更多的实时数据、进行更准确的情报分析和实现更高效的应急响应,为应急预案引入了新的思路和方法。随着经济社会的迅速发展,现代化的应急管理显得越来越重要,也暴露出传统应急预案的一些弊端。在这一背景下,将应急预案进行本体建模,运用知识构建技术,可解决领域建模的问题,为应急预案现代化管理提供新的研究方向。

1.2.3　溃坝突发事件模拟研究进展

近年来,溃坝突发事件模拟研究备受国内外关注,这是因为溃坝事件对人民群众生命财产的危害性不容忽视。为了提高应急管理部门的响应能力和减少潜在风险,学术界、政府部门和工程领域纷纷投入研究,通过模拟溃坝事件的发生和发展过程,探索有效的预警、应急救援和灾后重建措施。

在国内,研究人员结合工程实践和学术研究,不断发展和完善溃坝突发事件的模拟方法。他们通过数值模拟、物理实验和现场观测等手段,深入分析溃坝过程中的水力特性、土体力学行为和结构破坏机理。这些研究成果为应急管理部门提供了宝贵的参考依据,使其能够更精确地预测和评估溃坝风险,及时采取预防和救援措施,从而减少潜在的人员伤亡和财产损失。首先,在模拟方法方面,研究人员不断探索多种数值模拟方法,涵盖了流体力学模型、物理模型和计算机仿真等。如田鑫等[77]利用计算流体力学建立溃坝流动模型,使用自主开发的无网格粒子法求解器 MLParticle-SJTU 对土石坝溃决的逐渐溃坝流动进行了数值模拟,提供了在不同条件下的溃坝事件风险评估和应急决策的科学依据;Sun 等[78]开发和验证了一个用于大坝溃决洪水演进数值模拟的数学模型,模型具有较高的计算精度和稳定性,能够有效地模拟大坝溃决后的洪水演进过程,为应急管理和灾害防控提供科学依据,以支持综合风险分析;Oguz 等[79]使用 RANS(雷诺平均 Navier-Stokes 方程)、DES(分离涡模拟)和 LES(大涡模拟)方法对溃坝流问题的二维和三维数值模拟进行研究,并通过物理实验和数值仿真的对比分析,以评估不同湍流模型在模拟溃坝流中的适用性和准确性,为应急决策提供了可靠的数据和依据。大量学者通过建立精确的数学模型和物理实验平台,模拟和分析溃坝过程中的关键水力参数和坝体破坏特征,从而更好地了解其机理,为应急决策提供科学依据。其次,研究人员进行大量的实地调查和案例分析,以获取真实溃坝事件的数据和资料。他们深入研究了历史上的溃坝事件,并采集现场观测数据,如水位、坝体位移、裂缝变化等。如何标[80]对我国土石坝坝体渗漏与漫顶溃决风险进行分析研究,选取了 9 个坝体渗漏失事案例及 9 个坝体漫顶失事案例,通过对它们的溃决过程及溃坝原因的分析,初步总结出两种失事状况的风险源与潜在破坏模式。通过详细的实地调查和案例分析,该研究为溃坝事件的机理研究和后续模拟研究提供了重要的真实数据和资料。刘嘉欣等[81]针对尾矿库漫顶溃坝问题,采用尾矿库漫顶溃坝离心模型试验,研究挟砂漫顶水流作用下的溃口尺寸和溃口流量的演化规律,探讨了溃坝的原因和过程,并通过现场调查和数据资料的收集,提高了对溃坝机理的认识。这使得后续的模拟研究可以准确地重现溃坝事件,并为类似工程的安全管理提供了有价值的经验。通过对这些真实案例的分析,可以了解溃坝事件的演化过程、影响因素和后果,为模拟研究提供准确的参考依据。最后,研究人员还针对不同类型的坝体结构和溃坝机制展开深入研究。如张士辰等[82]对我国土石坝溃决进行了深入分析,探讨了该类型坝体的破坏机理。近年来,通过对土石坝溃坝风险事故的分析,以及对防洪标准、监测预警、应急响应和工况等因素的综合分析,为土石坝溃坝风险评估提供了重要依据,并为防范措施的制定提供了参考。杨彦龙等[83]以混凝土坝为对象,使用耦合模型进行了溃口形成过程的数值研究。通过模拟分析不同工况和材料特性对混凝土坝的影响,揭示了溃坝的机理和演化规律。这为混凝土坝的溃坝风险评估和防范措施的制定提供了科学依据。研究者们针对不同材料、不同结构形式的坝体,如土石坝、混凝土坝等,分析其破坏机理和溃坝风险。通过对不同溃坝场景和可能的破坏模式进行模拟研究,可以更好地评估和预测不同类型坝体的溃坝风险,为相应的应急准备和防范措施提供科学依据。

国外方面,一些国际组织和研究机构也对溃坝突发事件模拟进行了重要研究。特别是国际大坝委员会(ICOLD)和国际水电协会(IHA)等组织已开展了多项关于溃坝模拟的国际合作项目。例如,ICOLD 与中国等国家合作开展了一项关于溃坝模拟的国际合作研究项目,通过对多个溃坝场景进行模拟分析,为灾害管理部门提供了重要的参考和决策支持[84]。IHA 作为一个专门关注水资源开发和利用的国际机构,也支持国际间的合作研究,特别是与水电相关的溃坝模拟。通过与各国的合作,IHA 的研究项目提供了溃坝场景下的水力特性和泥沙运动等关键数据,为应急管理工作提供了科学依据。例如,IHA 与巴西等国家合作进行了溃坝模拟的研究项目,为应急管理部门制定应对溃坝事件的紧急预案和措施提供了重要支持[85]。此外,一些国家的学术界和工程界也积极开展溃坝事件模拟研究,包括美国、加拿大、澳大利亚等。如美国国家气象局(NWS)开发了气象驱动的 BREACH 溃坝模型,该模型可以预测溃坝后的洪水过程。美国陆军工程兵团水道实验室开发了基于物理机制的溃坝模型 Win-DAMC,该模型可以模拟各种溃坝事件及其后果。美国国家气象局还开发了 DLBreach 模型,该模型可以预测溃坝后的洪水过程,以及洪水对下游基础设施的影响。加拿大的一些研究机构和学者也对溃坝模型进行了研究和开发。其中,加拿大水电协会(Canadian Hydropower Association)开发了一种基于物理机制的溃坝模型,该模型可以模拟各种溃坝事件及其后果,包括溃坝洪水对下游的影响。此外,加拿大还开展了一些关于溃坝事件的模拟研究,如魁北克大学蒙特利尔分校开展的溃坝洪水模拟研究等。美国、新西兰等多个国家的学者共同合作,通过对多种地貌环境下的溃坝情景进行模拟研究,比较溃坝事件模拟的结果和现场观测数据,提高了对不同地区和地质条件下溃坝风险预估的准确性和可行性。这些研究使用了物理实验、数值模拟和现场验证等方法,旨在提高溃坝事件模拟的准确性和可靠性,为溃坝风险评估和灾害防备提供了科学依据。

总体而言,溃坝突发事件模拟的研究现状在国内外都取得了显著进展。这些研究不仅提高了人们对溃坝事件的认识和理解,还为应急管理部门提供了重要的参考和决策支持。未来,随着技术的不断发展和研究的深入推进,溃坝模拟研究将进一步完善,为应对溃坝事件提供更精确和有效的应急预案。

1.2.4　本体论的研究进展

"本体"一词有两种含义,一是当它被用作不可数名词时,它指的是哲学的一个分支,涉及现实的本质和结构;二是当它被用作可数名词时,它指的是一种特殊的计算工件,称为"概念化的明确说明"[86]。

"本体"的概念最早是从哲学范畴内引出的,表示客观世界中事物的构成及本质[87]。对于信息系统中的计算本体,意味着两个相关的事物[88],即代表性词汇,提供一组术语,用它来描述任何给定领域中的事实;一个知识,表示与概念相关的事实知识库中的模型或本体。随着本体应用技术的不断发展,越来越多的领域应用这种概念来建立模型[89]。针对本体理论以及应急预案,国内外诸多学者开展了大量研究。

（1）本体理论

本体以一种明确的、形式化的方式表示概念及其之间的关系，成为人机交流的媒介，实现各类应用之间知识的共享及复用。理论研究主要是从构建工具、方法以及结构划分等方面。本体在理论上具备许多优越性，应用其理论开发了诸多系统，如 WordNet[90]、FrameNet[91]、SENSUS[92]、OntoSeek[93]、Cyc[94]、HowNet[95]、Mikroksmos[96] 等。

国外最早从 1980 年开始进行本体研究，起初是 AI 领域人员受其哲学概念启发，将其延伸运用到科学领域，继而构建了相关本体模型，从而实现了知识工程的深度表示[97]。目前，国外主要本体研究机构有：①万维网联盟（W3C）[98]；②德国卡尔斯鲁厄理工学院的 AIFB 研究所[99]；③斯坦福大学的知识系统实验室[100]。1984 年，Douglas Lenat 推动构建了大型的常识知识库系统[101]；1985 年，普林斯顿大学开发出了语言知识库 WordNet，为本体模型的构建提供了理论基础[102-103]；2001 年，万维网联盟（W3C）组织在本体上开展了大量研究，制定了一系列本体描述语言的标准，并开发了 Jena、Jess 等本体推理引擎，而且还制定了 XML、OWL 等一些本体的规范描述语言[104]。

国内本体研究起步较晚，与国外最顶尖的理论和方法还有较大的差距[105]，但多年来也取得了较大的进展。国内主要研究机构有：①浙江大学人工智能研究所[106]；②中国科学院[107]；③哈尔滨工业大学计算机系[108]。1980 年末，浙江大学人工智能研究所高济教授实现了基于本体的产品知识表示，并可针对用户对产品描述的差异性进行个性化定制，在知识表示和专家系统方面取得了重大突破[109]；20 世纪 90 年代，中科院董振东和董强基于汉语和英语词汇的描述对象，开发了一个能展示各种知识概念之间关系的应用本体知识库——知网；1994—1997 年，中科院的陆汝钤院士开展了常识问题研究，设计并构建了面向 Agent 和本体的大型常识知识库——Pangu[110-111]。此外，中科院计算技术研究所曹存根还针对国家知识基础设施的建设和知识系统开展了大量研究[112-113]；中科院的陆汝钤院士和北京大学的金芝博士通过利用本体提高面向对象技术的表现力来满足知识系统的开发需求，构建了基于面向本体的需求分析模型[114-117]；中国农业科学院的李景针对领域本体的构建方法、本体转化、本体评估等问题开展了大量研究，为大规模知识本体的创建、维护及其他领域的本体构建提供了技术指导[118]。

（2）本体进化

本体进化的实质是本体变更或修改后对本体变化的一个自适应过程，其核心问题是如何发现新概念以及关联新概念、扩展原有本体。

目前，国外关于本体进化的本质解释为：①德国卡尔斯鲁厄理工学院提出的过程管理法，该方法指出本体进化是由进化需求获取、操作形式、原因、执行、传播以及验证六个阶段组成；②荷兰阿姆斯特丹自由大学提出的版本管理法，该方法提出可以利用本体版本管理去分析本体进化[119]。Maedche A 等[120]提出了本体进化的流程框架，主要有导入、抽取、裁剪、精练和评估五个步骤，并通过具体案例分析了如何使用该进化框架去得到新本体的具体过程；Stojanovic L 等[121]提出了一种处理本体进化的方法，将本体进化过程划分为六个阶段：变化捕获、变化表示、语义变化、变化应用、变化传播和变化验证；Garcia E[122]使用了潜在语义索引去研究本体模型的自动构造，通过低维的概念空间去分析语义之间的相互关系，以此降低高维空间的概念含义；Benomrane S[123]等发明了一种用于本体进化的基于自适应多智能体系统（MAS）的本体论反馈工具，它由表示本体的当前状态的概念和术语代理以及允许管理本体论者之间的不同交互图形界面组成。

国内本体进化研究起步较晚，最初由中国人民大学的马文峰、杜小勇[124]针对本体进化及相关技术进行研究，他们对本体进化的概念、本体进化过程中的关键问题以及自动演化系统等做出了深入的分析。蓝永胜等[125]根据本体获取的难点，采用一种先进的语法理论 LFG 进行文本分析，将句子的语法表示转换为语义表示，实现了自动获得句子的知识表示和语言表达，据此构建知识本体；刘紫玉等[126]提出了模块化的本体协同进化方法，通过子领域中增加或删除等操作并配合协同进化算法，实现了本体模块化的协同进化；孙艳川等[127]为解决本体进化后的异构问题，通过本体映射改变历史日志扩展的进化方法，提高了本体在不断更新的动态环境中的时效性；刘莹[128]提出了基于知识本体的进化算法，解决了目前一些知识管理系统识别率低、无法实现本体进化的问题，由此开发了具有检索、进化、交换等分布式组织记忆特征的知识管理系统；王琦等[129]对本体可视化与进化系统架构进行了研究，设计了教育领域本体可视化和进化系统，在学习的同时促进系统的主观性知识和情境性知识获取,完成本体的构建和进化。

综上所述,本体理论的研究实现了对非结构化知识的获取,被广泛用于知识描述规范的界定和共享复用,促进了不同领域知识的应用和管理发展。同时,针对本体理论、本体获取、本体进化等问题,在世界范围内均已展开了大量的研究,并取得了相应成果,本体技术已经相对成熟。

1.3　研究思路与内容

1.3.1　研究思路

水库大坝突发事件的应急响应过程涉及多学科,事件演变复杂,致灾后果严重,应急处置难度大。现有的应急预案面临着利用率较低、应急动态性不足、智能化技术应用程度不高等问题,本书基于应急预案智能化管理以及相关研究背景,针对水库大坝溃坝应急的不确定性、应急预案本体模型构建、本体模型进化机制等几个方面开展研究,实现应急预案与环境的动态反馈链接,以期提升应急响应的效率和决策质量,促进应急知识的共享与传播,为实现溃坝应急的智能化和协同化提供有力支持,并提升水库应急响应能力及溃坝灾害防控能力。

1.3.2　研究内容

第一章介绍了本书的研究背景与进展,并对国内外相关研究进展进行了阐述。第二章分析了溃坝突发事件的不确定性。通过研究水库大坝溃坝事件的历史案例,总结了溃坝事件的成因和演化路径。在此基础上,从主观和客观两个方面分析了溃坝突发事件的不确定性,并研究了各个不确定性因素的特点和处理方法。通过分析溃坝应急的不确定性的结构特点,明确了溃坝应急预案的层次变化模式,揭示了其动态反馈机制,为降低溃坝应急的不确定性提供了科学依据。第三章介绍了溃坝应急预案编制及其关键技术。本章涉及溃坝应急预案的设计和制定,同时还包括基于 BREACH 模型的溃口模拟分析以及基于 MIKE 21 模型的溃坝洪水演进模拟研究。第四章介绍了本体相关理论与构建方法,为后文本体模型的构建提供了理论基础。第五章主要采用本体编辑工具

Protégé 进行溃坝应急预案的知识模型构建，利用 OWL 语言实现溃坝应急预案显性、隐性领域内概念及概念之间关系的形式化描述，形成了集预案领域知识共享、查询及交互为一体的溃坝应急预案知识本体模型，奠定了溃坝应急智能化的模型基础。第六章主要是基于溃坝应急预案本体模型，开展本体模型的进化机制研究，从本体进化的概念、方法、进化算法等方面探索溃坝应急预案本体模型进化的可行性，提出矩阵融合算法，构建本体结构矩阵，实现不同本体融合，并依此进化策略结合复合元进化框架，解决溃坝应急的不确定性，实现应急方案的反馈优化。第七章总结了全书的主要结论，并对未来的研究方向提出了展望。

2

溃坝突发事件的
不确定性分析

大坝风险管理中最重大和最极端的灾害事件就是溃坝,一旦溃坝,将造成重大的灾害性损失。溃坝的起因受多方面因素影响,整个溃坝过程异常复杂,具有显著的不确定性,而溃坝事件的演变路径往往存在着并发或次生事件,因此,准确有效的溃坝应急预案是降低溃坝影响的重要手段。溃坝应急预案是按照历史溃坝案例总结的经验或者假定情况事先拟定的方案,需要在极短的时间内做出决策,以控制事态的蔓延,减少损失,但溃坝过程存在很多不确定性因素,制约着溃坝应急的合理性和可行性,继而影响应急预案实施的效果。本章对溃坝原因以及演化路径进行统计分析,在辨析溃坝演化机制的基础上针对溃坝应急的主观以及客观不确定性因素展开分析,从不同角度分析溃坝应急的不确定性表现及特点,充分把握和认识溃坝应急过程,明确溃坝应急中关键环节和重点内容,不仅能为溃坝应急预案本体模型的构建提供理论支持,还能为应对溃坝应急的不确定性提供科学依据。

2.1　不确定性

2.1.1　概述

确定性是指所研究的事物在主客观上都有一个明确的定义,其变化方向以及发展都是确定的,它与不确定性完全相反。不确定性是指预先不能知道事件发展的结果,由于一些客观事物的运行充满了无序性,加上人们主观上对其不完全了解或者只有模糊的认识,因而具有随机性、灰色性、模糊性、粗糙性等特点[139],因此需要运用一定的理论方法对其进行分析。不确定性可按照多种标准进行分类,而其中依据事物认知的主客观角度来划分是最受认可的,它将其分为主观不确定性以及客观不确定性两种[140-141]。

(1)主观不确定性:指由于缺乏知识引起的不确定性,一般很难以概率分布进行描述。常见的例子包括转基因食品的健康风险以及二氧化碳排放导致全球变暖的担忧。从原理上讲,如果我们获得了有关研究对象足够的知识,就能消除这种不确定性。

(2)客观不确定性:指系统内部客观存在的不以人的意志为转移的随机特性,主要是由系统自身属性和其行为的随机变异引起的,因此也被称作随机不确定性。如果将一个随机的系统置于相同条件下重复运作,则每次的结果都不完全相同。比如,抛掷一颗均匀的骰子,其点数是无法预测的。增加系统运作次数不能改变这种现象的出现,却能计算出这种现象的概率分布。

2.1.2 不确定性分析方法

溃坝突发事件的不确定性主要采用复杂性科学以及社会科学中相关的一些研究进行分析。随着非线性理论、概率论和模糊数学等的发展,利用混沌理论构建模型或概率的方式将不确定性确定化,继而分析事件的不确定性,为不确定性的分析提供了有力的工具。针对溃坝突发事件的不确定性,可结合已有的分析方法进行研究,目前可运用的主要分析方法有概率分析方法、D-S证据理论、分类学法等。

2.1.2.1 概率分析方法

概率分析法主要是将溃坝突发事件中各种不确定性因素以可能发生的概率进行分析,对其中影响应急预案的各项指标因子以概率来描述,从而得出或者判断各种不确定性因素发生的概率大小。根据溃坝案例积累推算出某一个指标的发生概率或者通过归纳分析等其他方法可估算出发生这一项指标的概率,进而通过风险评估为应急预案的决策者提供科学的参考,提高了应急预案的针对性和科学合理性。目前比较成熟的溃坝概率不确定性分析方法主要分为半定量分析的事件树法和定量分析的可靠度法。

(1)事件树分析法

这是一种时序逻辑分析方法,将事件按照树枝状图表示,每种事件的结果只按照失败或成功来分析。依据溃坝路径构建溃坝事件树,通过风险要素识别,筛选出初始事件;计算事件树中各分支事件发生的概率,如洪水漫顶、渗透破坏、运行管理不当等,通常各分支事件发生概率见表 2.1-1。获取各分支

表 2.1-1 事件发生概率对应表[2]

定性描述	对应概率	判断依据
极不可能	$1 \times 10^{-6} \sim 1 \times 10^{-4}$	
不可能	$1 \times 10^{-4} \sim 1 \times 10^{-2}$	
基本不可能	$1 \times 10^{-2} \sim 1 \times 10^{-1}$	针对不同事件,基于历史资料统计,结合水库大坝安全鉴定得出
可能	$0.1 \sim 0.5$	
极有可能	$0.5 \sim 0.99$	

事件发生概率,所有环节对应的概率之和即水库大坝总体溃坝概率 P_f。

第 i 个环节发生的概率 P_i 由专家赋值计算得出,且该破坏模式下包含 j 个溃坝路径环节,因此该模式下的溃坝概率 P_j 可由下式计算得出:

$$P_j = \prod_{i=1}^{j} P_i \tag{2.1-1}$$

此外,考虑到同一荷载下不同破坏模式的相互独立性,根据德摩根定律可计算大坝总溃坝概率上限为:

$$P_{f\max} = 1 - \prod_{j=1}^{n}(1 - P_j) \tag{2.1-2}$$

式中:n 为破坏模式总数。

最终可得出大坝溃决概率 P_f 为:

$$P_f = P(1) + P(2) + \cdots + P(n) \tag{2.1-3}$$

事件树分析法应用及相应概率的计算示例见图 2.1-1,示例中各概率值的计算可根据历史资料统计法、专家经验赋值法,或采用可靠度法来计算,在实际应用中可根据具体环境进行选择,此处不做过多阐述。

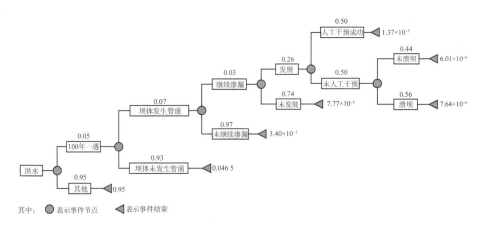

图 2.1-1 事件树法计算溃坝概率示意图

(2) 可靠度法

可靠度法是指结构可靠度在规定的时间和条件下,工程结构完成预定功能概率的一种定量方法。在可靠度分析中,按下式构建大坝工作状态功能函数:

$$Z = g(X) = g(X_1, X_2, \cdots, X_n) = g(R, S) = R - S \qquad (2.1\text{-}4)$$

式中:$X_1, X_2, \cdots, X_n$ 为大坝的基本随机因子;

　　Z 为大坝的功能函数;

　　R 为抗力随机因子;

　　S 为荷载效应随机因子。

　　Z 的值反映了大坝结构的运行状态,如表 2.1-2 所示。

表 2.1-2　功能函数与大坝运行状态关系表

功能函数(Z)	大坝状态
$Z > 0$	安全
$Z < 0$	破坏或失效
$Z = 0$	极限状态或临界状态

通常 $g(X) = 0$ 称为结构的极限状态方程。

结构处于破坏状态"$g(X) < 0$"的概率为:

$$P_f = \int_{Z<0} \cdots \int f_X(x_1, x_2, \cdots, x_n) \mathrm{d}x_1 \mathrm{d}x_2 \cdots \mathrm{d}x_n \qquad (2.1\text{-}5)$$

同理,可求得结构的可靠度 P_r,可表示为:

$$P_r = \int_{Z \geqslant 0} \cdots \int f_X(x_1, x_2, \cdots, x_n) \mathrm{d}x_1 \mathrm{d}x_2 \cdots \mathrm{d}x_n \qquad (2.1\text{-}6)$$

当功能函数 Z 为线性,所包含的随机变量因子相互独立且服从正态分布时,引入可靠度指标 β,由下式计算:

$$\beta = \frac{m_Z}{\sigma_Z} = \frac{m_R - m_S}{\sqrt{\sigma_R^2 + \sigma_S^2}} \qquad (2.1\text{-}7)$$

式中:m_Z、m_R、m_S 分别为 Z、R、S 的均值;σ_Z、σ_R、σ_S 分别为 Z、R、S 的均方差。

此时,可由下式求得失效概率:

$$P_f = \phi(-\beta) = 1 - \phi(\beta) \qquad (2.1\text{-}8)$$

可靠度与可靠指标的关系为:

$$P_r = 1 - P_f = 1 - \phi(-\beta) = \phi(\beta) \qquad (2.1\text{-}9)$$

上述方法多用于目标结构为线性，当为非线性时，可采用一次二阶矩法、JC法、蒙特卡洛法等方法计算其失效概率。

2.1.2.2　D-S证据理论

D-S证据理论最初是用于解决专家系统中的不确定性信息，它通过证据和组合之间的数学计算进行不确定性分析，在风险分析、模式识别、图像处理等多个方面得到了广泛应用。D-S证据理论较于贝叶斯理论的优点是能在无先验概率的情况下进行分析，该方法不仅包含人对事物的主观估计，还强调事物的客观性，通过区间估计不确定性，符合事物发展的规律，对于不确定性信息的描述也很灵活和方便。

假定分析的问题所出现的结果有多种，将所有可能出现的结果用一个集合 Θ 表示，即该不确定问题表示为：

$$\Theta = \{\theta_1, \theta_2, \cdots, \theta_n\} \tag{2.1-10}$$

式中：n 表示集合中所有元素的个数，$\theta_i (i=1,2,\cdots,n)$ 表示集合 Θ 中的一个元素，且 Θ 中的元素必须两两之间没有交集。

设 Θ 为问题的识别框架，不同人对同一问题所产生的结果置信度不同，置信度用基本概率分配（BPA）函数表示。一个 mass 函数为 2^Θ 在区间 $[0,1]$ 上的映射，需满足以下关系式：

$$\begin{cases} m(\varnothing) = 0 \\ \sum_{A \subseteq \Theta} m(A) = 1 \end{cases} \tag{2.1-11}$$

式中：A 表示 Θ 的任意子集；$\varnothing$ 表示空集；$m(A)$ 为事件 A 的基本概率分配值，表示对事件 A 的信任程度。

因此其不准确概率的下限可使用信任函数表示：

$$Bel(A) = \sum_{B \subseteq A} m(B) \tag{2.1-12}$$

上限则使用似然函数表示：

$$Pl(A) = \sum_{B \cap A \neq \varnothing} m(B) = 1 - Bel(\bar{A}) \tag{2.1-13}$$

通过上述的计算，得到信任函数与似然函数组成的信任区间，而这个区间就表示某个信息或假设的确定性程度。

2.1.2.3　分类学法

分类学方法主要在动物学、植物学等学科中较为常见,是在多个领域进行科学研究的基本方法。运用该方法对大量且复杂的事件按照其特性或者演变路径等进行归纳,将复杂的事件简单化、层次化,从而更好地分析研究事物的不确定性,为分析不确定性提供了一个新的方法。溃坝突发事件具有显著的不确定性特点,所以决策者对应急预案的认识还有许多可提升的空间。通过对溃坝应急的不确定性因素进行分类,从时空影响范围、情景主体等维度进行研究,减少应急处置中信息不对称的风险。

2.2　溃坝原因统计与破坏路径分析

溃坝应急预案的合理制定源于对溃坝事故的深入研究和分析。溃坝事件是由多种因素共同作用下的复杂结果,包括但不限于地质因素、水压因素、坝体结构强度、监测与预警机制等。为了提供有效的应急响应和处置措施,必须对这些因素及其相互关系进行深入的了解。

通过对历史溃坝案例的梳理与分析,我们能够识别出造成大坝溃决的主要原因和演化路径。例如,地震、洪水、边坡滑动等外部荷载对大坝的影响,以及大坝内部薄弱部分如决口、渗流管道等的损坏与破裂。这些因素相互作用,共同影响着溃坝事件的发生和演化过程。因此,制定溃坝应急预案,需要充分了解大坝溃决的发生机理与演变过程。梳理溃坝案例并分析其原因与演化路径,为分析应急过程中的不确定性提供了基础。这将有助于制定更具逻辑性、科学性和严谨性的应急预案,以应对溃坝事件的挑战。

本节通过梳理历史溃坝案例资料,总结并分析大坝溃决的原因与演化路径,从而为理解溃坝应急响应中的不确定性提供分析基础。

2.2.1　溃坝原因统计

通过对溃坝的发生机理与过程进行分析,并根据现有资料进行统计[138],可从漫顶破坏、渗透破坏、结构破坏、运行管理不当和其他人为原因等方面对水库大坝突发事件原因进行分析。

2.2.1.1 漫顶破坏

漫顶的原因包括超标准洪水、泄洪能力不足、调度失误等。如1963年8月河北东川口水库溃坝,由于上游流域突降大暴雨,降雨超过了水库防洪标准,最终导致漫顶溃坝。1998年6月26日,广东茶山坑水库副坝溃决,由于上游突降暴雨,水库水位急速上涨,最终导致漫顶溃坝。

根据溃坝资料分析,总结大坝漫顶溃决的主要原因,如图2.2-1所示:

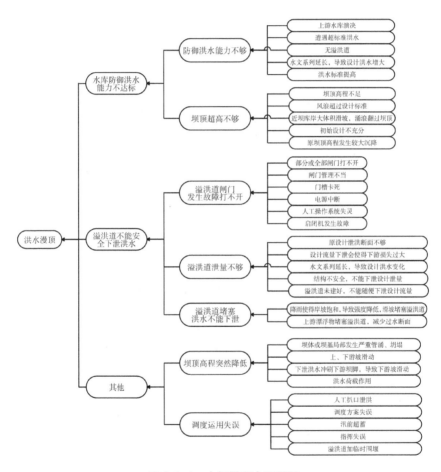

图 2.2-1　大坝漫顶主要原因

2.2.1.2 渗透破坏

渗透破坏大部分发生于土石坝中,一种情况是渗透破坏,引起下游坡滑坡,并导致溃坝;另一种情况是由于在水流冲刷作用下,扩大了坝基、坝体、坝肩与边坡接合部位的渗透通道,导致管涌溃坝。

渗透破坏不仅发生于汛期,在非汛期也时常发生。例如,1976 年 6 月 5 日,位于美国爱达荷州内两县交界上的提堂(Teton)坝,坝体心墙因内部冲蚀(管涌)而遭破坏,最终导致大坝溃决;2012 年 8 月 10 日,浙江沈家坑水库由于长时间高水位运行,最终发生渗漏,导致溃坝;2020 年 5 月 19 日,美国密歇根州伊登维尔大坝发生溃决,由于大范围降雨,造成大坝的溢洪道左侧坝体发生渗透破坏,随即坝体发生滑动现象,最终垮塌。

因此,可从渗漏、防渗能力、大坝填筑质量等方面总结出因渗透破坏导致溃坝的主要原因,如图 2.2-2 所示:

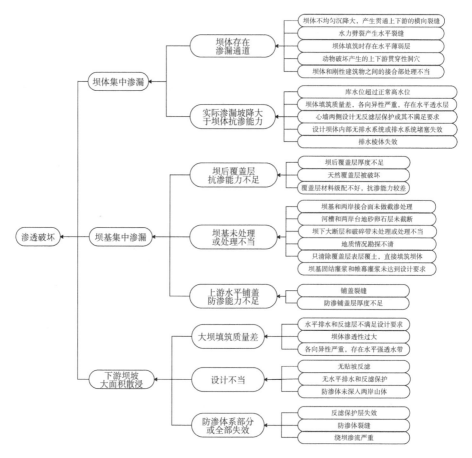

图 2.2-2　大坝渗透破坏主要原因

2.2.1.3 结构破坏

结构破坏主要有坝体裂缝和整体失稳两种可能形式。

坝体裂缝是水库大坝比较常见的隐患,并不是所有的裂缝都会导致溃坝,只有其发展程度影响到坝体结构时,才可能导致溃坝。

裂缝一般分为横向、纵向和水平裂缝。横向裂缝可能形成集中渗漏通道,当裂缝深度延伸到水位以下时,在水流的冲蚀下诱发溃坝。

纵向裂缝会使水进入土坝,当水进入坝体时,可能降低其裂缝附近的土料强度,较低的土料强度将导致或加速坝坡稳定性的破坏。

水平裂缝主要位于坝体内部,这种形式的裂缝与横向、纵向裂缝相比不易被发现,因此其具有更高的危害性,极大增加了坝体内部渗漏通道的形成。

引起坝体产生裂缝和整体稳定破坏的原因很多,主要原因见图 2.2-3。

2.2.1.4 土石坝的坝下埋涵(管)问题

我国早期修建的土石坝大多布置有坝下埋涵(管),由于在设计、施工过程中所依据的技术规范和标准相对较低,导致坝下埋涵(管)的材料、防渗措施都留有隐患,不少存在无衬砌、土料压实不密、缺失防渗环的现象,严重威胁大坝安全。因此,坝下埋涵(管)接触渗漏成为土石坝溃坝事故中除洪水漫顶之外的主要溃坝原因。例如,2001 年 10 月 3 日,新疆雅瓦第二水库,由于放水闸与大坝结合部没有采取防渗措施,再加上闸室周围填土不密实,导致渗透溃坝;2013年 2 月 16 日,作为全国防洪重点水库的山西曲亭水库,因灌溉涵洞与坝体之间的接触渗漏导致溃坝;2018 年 7 月 19 日,内蒙古增隆昌水库因灌溉涵管接触冲刷导致副坝溃决。

2.2.1.5 溢洪道破坏

溢洪道破坏主要发生在泄水过程中,其根本原因是工程建设质量差,大多表现在与坝体或坝基结合部位。例如,1959 年 8 月 22 日,黑龙江二龙山水库,在流域范围内遭遇暴雨引发洪水,使得溢洪道右边墙与坝体连接部位被冲毁,最终导致溃坝;1996 年 7 月 20 日,新疆红山水库由于溢洪道工程质量差,在其西侧发生管涌,最终导致溃坝。还有一些由于溢洪道的岸坡失稳、闸门故障、结构缺陷等问题也会导致大坝突发事件。

2.2.1.6 其他原因

除上述引起水库大坝突发事件的原因外,还有设计不合理、水库淤积、库区

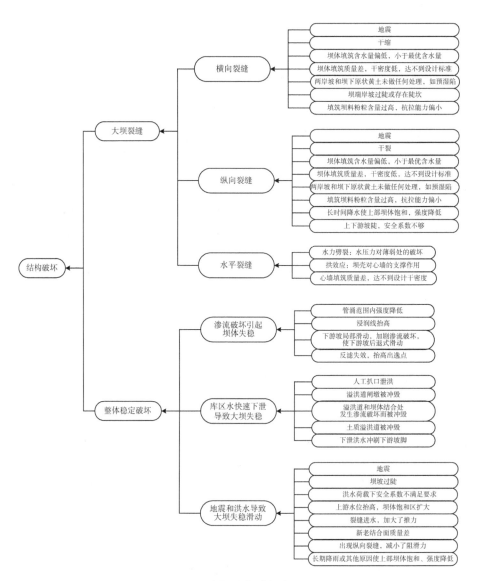

图 2.2-3 大坝结构破坏主要原因

崩岸、运行管理不当等原因。

水库淤积主要存在于我国西部地区,由于水库内淤积的泥沙占用了水库防洪库容,造成水库在遭遇超标准洪水时极易发生溃坝现象。

在运行管理方面,很多小型水库都有管理欠缺、维护工作不到位、巡视检查不到位、超蓄、监测设施不完善、无人值守、违规施工等现象。有些水库,没有专人进行管理和巡视,出现险情得不到及时汇报,使得水库溃坝。例如,1993年,云南梅子阱水库遭遇暴雨,库区无人值守管理,最终漫顶溃坝;2009年3月,海南万宁的博冯水库在加固过程中因违规破堤放水施工,最终因冲刷破坏导致溃坝。

2.2.2　溃坝事件演化路径分析

大坝溃决是在大坝自身隐患和外部不利因素共同作用下发生的,且这些内外因素都具有很强的不确定性,它们对溃坝的影响也不同。通过分析单一荷载以及组合荷载模式对坝体输泄水设施等结构建筑物的破坏机理,明确溃坝突发事件的演化路径,从而及时阻断溃坝演化路径,避免大坝溃决,最大限度减少溃坝造成的损失,对溃坝应急的处置具有指导意义。

通过上述对溃坝原因的具体分析,按照不同坝型的溃坝模式,可得出土石坝、拱坝和重力坝的主要溃坝破坏路径。

2.2.2.1　土石坝溃坝破坏路径

土石坝主要有五大类溃坝模式和25种可能的溃坝破坏路径[2]。

第一类:汛期由于无泄洪设施或泄洪能力不足、坝高不足、泄流设施故障、库岸滑坡等原因引起的洪水漫顶溃坝,如图2.2-4所示。

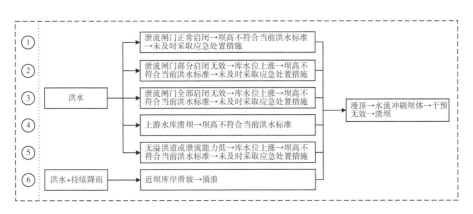

图2.2-4　第一类模式下土石坝溃坝破坏路径

第二类:汛期渗透破坏引起的溃坝,如图2.2-5所示。

第三类:汛期由于泄洪设施被冲毁或上下游坝坡滑坡引起的溃坝,如图2.2-6所示。

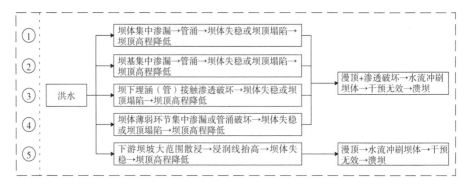

图 2.2-5　第二类模式下土石坝溃坝破坏路径

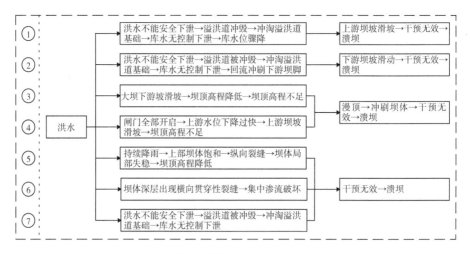

图 2.2-6　第三类模式下土石坝溃坝破坏路径

第四类:非汛期渗透破坏引起的溃坝,如图 2.2-7 所示。

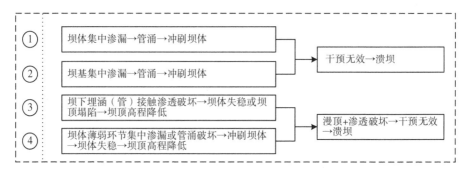

图 2.2-7　第四类模式下土石坝溃坝破坏路径

第五类:由于地震引起的溃坝,如图 2.2-8 所示。

图 2.2-8 第五类模式下土石坝溃坝破坏路径

2.2.2.2 拱坝溃坝破坏路径

拱坝主要有五大类溃坝模式和 20 种可能溃坝破坏路径[2]。

第一类:洪水漫顶导致的溃坝,如图 2.2-9 所示。

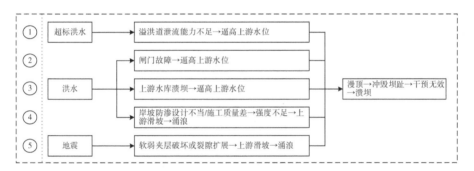

图 2.2-9 第一类模式下拱坝溃坝破坏路径

第二类:拱座破坏导致的溃坝,如图 2.2-10 所示。

图 2.2-10 第二类模式下拱坝溃坝破坏路径

第三类:坝体破坏导致的溃坝,如图 2.2-11 所示。

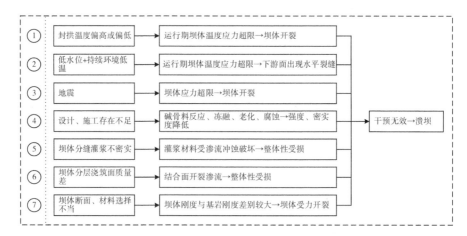

图 2.2-11　第三类模式下拱坝溃坝破坏路径

第四类:坝基破坏导致的溃坝,如图 2.2-12 所示。

图 2.2-12　第四类模式下拱坝溃坝破坏路径

第五类:拱端破坏导致的溃坝,如图 2.2-13 所示。

图 2.2-13　第五类模式下拱坝溃坝破坏路径

2.2.2.3　重力坝溃坝破坏路径

重力坝主要有三大类溃坝模式和 16 种可能溃坝路径[2]。

第一类:洪水漫顶导致的溃坝,如图 2.2-14 所示。

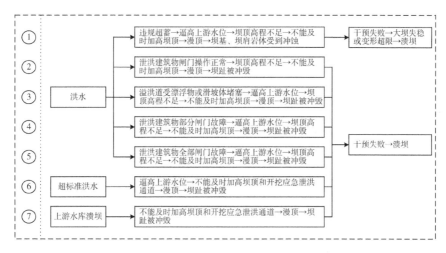

图 2.2-14　第一类模式下重力坝溃坝破坏路径

第二类:坝体破坏导致的溃坝,如图 2.2-15 所示。

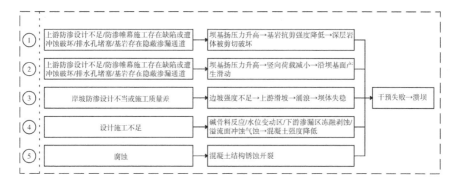

图 2.2-15　第二类模式下重力坝溃坝破坏路径

第三类:其他情况导致的溃坝,如图 2.2-16 所示。

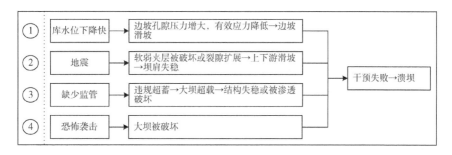

图 2.2-16　第三类模式下重力坝溃坝破坏路径

2.3 溃坝应急的不确定性

溃坝应急预案的合理性来源于对溃坝原因及破坏路径的深刻认识,但由于不同坝型的溃坝原因及破坏路径的不同,导致应急过程中存在各种不确定性因素,最终可能致使溃坝应急预案不能起到有效的指导作用。因此,研究溃坝应急的不确定性有助于对可能发生的突发情形进行预测、预演,从而找出影响溃坝应急处置效果的干预点,提高应急处置和预案优化的科学性。

本书主要采用分类学方法进行不确定性的定性分析,该方法能将溃坝应急的不确定性进行层级划分,并按照分析角度进行总的类别区分,根据溃坝应急所体现的知识概念可划分为主观不确定性和客观不确定性。

2.3.1 主观不确定性

主观不确定性主要是受知识水平、信息资源、认识手段等条件的限制,导致人们对事物认识存在模糊性、未确知性等,因此也称作"人因不确定性"。目前针对溃坝应急的主观不确定性分析比较少,本书从溃坝应急中应急管理这个大方向作为切入点进行主观不确定性分析。

应急管理是针对事件发生原因、过程及后果进行一系列有组织、有计划的管理手段,不仅能降低事件造成的损失,还起到预防和决策优化的目的。应急管理面对复杂的自然环境以及受到信息不对称等因素的制约,表现出应急处置临时性、应急决策非程序化、应急物质调配随机性等不确定性。一旦发生溃坝,必须在极短时间内做出应急行动,由于救援机会稍纵即逝,因此对于应急管理的时效性要求较高;而且,事件发生后,大部分时间内的信息获取和应急处置将处于独立状态,势必导致应对时间的紧迫和应急处置的信息资源匮乏,这都是应急管理中不确定性的具体体现。

2.3.1.1 应急撤离的不确定性

根据预警级别,当溃坝事件无法被控制时,需对下游淹没区域的风险人口进行有计划的撤离,保障人民群众生命财产安全。应急撤离是应急预案编制中的关键环节,对避免人员伤亡至关重要,其具体规划受到诸多不确定性的影响,主要体现在两个方面:

（1）应急撤离时间的不确定性

根据 Urbanik 等人指出，溃坝突发事件发生后，总的溃坝撤离时间可由下式计算：

$$T = T_d + T_w + T_p + T_e \tag{2.3-1}$$

式中：T——总的溃坝撤离时间；

T_d——政府部门的决策时间；

T_w——家庭接收警报时间；

T_p——撤离活动的准备时间；

T_e——撤离活动所用时间。

由于政府部门一般在大坝发生溃决前都会收到监测预警信息，故往往会在较短时间内作出决策，其政府部门的决策时间不确定性较小，可以忽略不计。因此只需计算剩余三项的时间，为了方便，将家庭接收警报时间与撤离活动的准备时间之和表示为撤离活动的产生时间，用 T_{EGT} 表示：

$$T_{EGT} = T_w + T_p \tag{2.3-2}$$

撤离活动的产生时间计算受到人员对于溃坝后果的认识程度、溃坝洪水严重性理解、预警时间、溃坝发生时间等各种不确定性因素的影响，一般是通过问卷调查或概率统计的方法，从居民以前撤离活动的经验中获取。

撤离活动所用时间，其值的大小受到撤离路况、撤离方式的影响。撤离路况的交通可能因撤离道路的基础设施损坏等原因而受阻，同时，由于撤离过程中涉及人、物，势必导致路网通行能力降低等情况的发生，此外，路网的结构也会因为一些衍生灾害而发生变化。因此，不同的撤离方式，其所用时间的不确定性也会有差别，具体分为如下两种：

① 步行

对于乡镇郊区居民，主要的撤离方式为步行，其撤离时间可由下式计算：

$$T_e = \frac{L_e}{v_e} \tag{2.3-3}$$

式中：L_e——撤离路线的总长度；

v_e——撤离人员的撤离速度。

由于人群撤离过程是一个极其复杂的过程,在其过程中含有较多不确定性因素。当人员紧张程度较低时,其撤离行动可能迟缓或者尝试性行动,这时速度比较缓慢;紧张程度达到一个临界值时,人员可能会立刻行动,其速度也会相应提高;人员紧张程度处于极高值时,这时人员可能出现一些不合理的行为,其速度也是不可控。同时,人员的撤离速度还与年龄有关,据研究,成年人(15～64岁)在平整地面的步行撤离速度为 5 km/h;老年人(大于等于 65 岁)为 4 km/h;儿童(小于 15 岁)为 2 km/h。除了上述几点外,步行撤离疏散时间还受到人群组成、运动能力、人口密度、撤离人员心理与生理等不确定性因素影响。

② 车行

对于城镇居民来说,主要的撤离方式为车行,其所用时间主要由选择的撤离路线以及不同路线的路径、路权决定。路径、路权表示车辆在撤离过程中,在道路上的行驶时间与在交叉口的等待时间。一般路径都是以路阻函数来表示,计算方法采用美国联邦公路局提出的公式:

$$t = t_0 \left[1 + \alpha \left(\frac{V}{C} \right)^{\beta} \right] \tag{2.3-4}$$

式中:t——路段总的行驶时间,h;

t_0——交通量为零时的路段行驶时间,h;

α、β——参数,一般 α 取 0.15,β 取 4;

V——路段交通量,辆/h;

C——路段实际通行力,辆/h。

但是上述公式不适合于我国混合交通情况,我国主要采用基于半理论、半经验方法的构建流量、车速、密度组成关系的路阻函数模型进行求解,公式如下:

$$t(i,j) = \frac{L(i,j)}{V(i,j)} \tag{2.3-5}$$

$$V(i,j) = U_0/2 \pm \sqrt{(U_0/2)^2 - Q(i,j) \cdot U_0/K_m} \tag{2.3-6}$$

式中:$t(i,j)$——车在路段[i,j]上的行驶时间;

$L(i,j)$——路段长度;

$Q(i,j)$——交通量;

  K_m——路段的阻塞密度;

$V(i,j)$——车辆的行驶速度;

  U_0——交通量为0时,车辆的行驶速度。

  溃坝撤离时间受静态影响因子和动态影响因子的制约,静态如道路等级等,动态如交通量、路段口等待时间等,此外还受撤离道路长度、行驶速度等各种不确定性因素的影响,因此在实际规划时需根据情况进行动态调整,充分考虑各种不确定性因素,使得撤离高效、快速。

  (2)转移路线的不确定性

  转移路线对于人员转移效率来说有着重要的作用,其路线规划受到淹没区域附近居民分布、洪水下泄速度、安全点位置、风险人口等多重因素影响,这些因素随时间的改变其自身也存在不确定性。例如,风险人口随时间的变化而呈现出动态化趋势,其值的确定取决于洪水淹没区域的面积、淹没区域人口分布密度以及活动状态,其数量的计算受到多方面因素的影响。

  另外,不同的地理位置的受灾程度也不一样,随着洪水的行进,路径的通行能力也会随时间的推移而持续变化,那么在转移路线的决策中就应考虑洪水下泄对路网的动态影响;交通量随时间也会发生变化,可能有些路段被洪水冲毁后导致应急撤离的人员无法行驶通过,这时就需要提前规划出多条转移路线,防止因灾害导致交通失灵,从而造成灾害的二次衍生。总之,安全点是提前规划的撤离终点,为了抵达安全点,需承受转移路线过程中的各种不确定性因素。

  除了上述因素外,应急撤离过程中还可能有许多未知的情况发生,将这些不确定性充分考虑进应急预案中,可尽可能消除这些因素所带来的不利影响,使得编制的溃坝应急预案能够科学、高效地指导撤离。

  2.3.1.2　应急资源管理的不确定性

  溃坝突发事件具有不可预测性以及突然性的特点,灾害导致沿途通信设备以及交通中断,使得决策者无法获得现场的受灾程度、灾民自救等准确的需求信息,导致物资量以及需求模糊,在救援过程中还可能出现各种不确定情况,因此在应急资源管理时必须充分考虑这些因素,使得应急资源能够高效、快速地配送。此外,合理的应急资源管理,不仅能快速地展开救援,减少灾民的恐慌情绪,还能优化分配救援路线,避免运输中短缺应急资源的浪费。具体而言,其不确定性源于以下几个方面:

（1）应急资源需求的不确定性

溃坝突发事件中应急资源主要分为救援物资、人员、交通运输资源三大类。救援物资主要是一些医疗设备、生活所需品、通信设备、卫生用品等。人员主要是指抢险救援过程中发挥作用的力量，例如抢险队、应急救援部队、指挥人员、医护人员等。交通运输资源主要指抢险和救援行动中的运输机械设备、救生艇、救援车辆、冲锋舟等。根据突发事件的危害等级，一般大中型水库运行管理单位都会提前储备相对应数量的救援物资，应急资源需求估计流程见图 2.3-1，首先需确定灾情范围和需求区域，收集所需数据资料，对灾区内主次灾害风险进行分析，同时辨识溃坝事件灾害的承险体，评估承险体的脆弱性，继而进行溃坝后果损失估算，最终确定应急资源需求量。

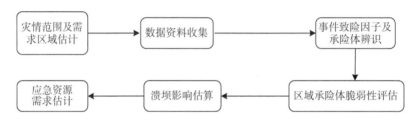

图 2.3-1　应急资源需求估计流程图

应急资源需求估计的影响因子较多，在估计过程中存在各种不确定性信息，其不确定性主要表现为多属性融合的特点。溃坝事件的初期，会在极短的时间内给受灾区域的人员安全以及一些基础设施造成巨大影响和破坏，造成灾区社会秩序混乱、交通通信等中断，进而信息不能及时、全面地传递出去，这给资源需求预测带来了很大困难。另外，由于溃坝事件本身具有衍生性、不确定性等特征，对于灾害的风险损失很难准确估计，而且应急资源的需求会随时间呈现出动态变化，一是随着灾情的时空演变，其所需求资源不再固定；二是随着应急救援工作的深入，灾区信息逐渐完整、清晰，决策者可以根据具体情况动态调整之前不合理的需求供应。因此，实际的抢险和救援工作对于物资的分配以及需求数量都充满了不确定性。

此外，受灾点所需的应急资源数量还与下游灾区的受损严重程度、当地洪水的淹没情况、受灾人员的数量等因素有关，这些都导致了应急预案初期资源数量难以准确制定。

（2）应急资源调配的不确定性

应急资源调配是一个复杂的过程，调配流程见图 2.3-2，整个过程涉及多部门的组织协同合作，在应急资源协调优化中存在着各种不确定性因素。一是溃坝突发事件发生后，决策者采取不同的方案进行抢险和救援工作，所导致的事件发展演化是不确定的；二是在溃坝初期，很多信息是不完整的，对于事件整体的把握也在逐渐清晰，因此前期应急资源调配所根据的信息具有不确定性；三是在应急资源运输环境中会遇到很多不确定的变量，比如，路线损坏、运输时间、天气、受灾点应急物资需求数量等。

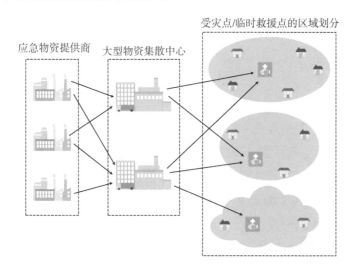

图 2.3-2 应急物资调配流程图

针对应急资源调配的不确定性，可对不确定的科学决策进行研究，其不确定性优化数学模型表示如下：

$$\begin{cases} \min f(x,\xi) \\ \mathrm{s.t.}\, h(x,\xi) \leqslant 0,\,\forall \xi \in U \end{cases} \tag{2.3-7}$$

上述模型中：ξ 表示不确定性参数；U 表示不确定性参数的集合。

为求解上述数学模型，目前主要有随机规划法、鲁棒优化算法等。其中鲁棒优化算法使用比较广泛，可在参数的概率分布函数未知的情况下进行有效的分析，选取所有情景中的最优方案配置，当模型中的不确定性集合为闭集合时，即可视为一个鲁棒优化模型，其使用流程见图 2.3-3。

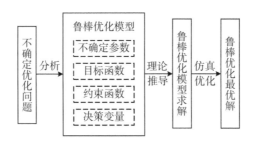

图 2.3-3 鲁棒优化流程图

总之,溃坝突发事件应急资源管理需要面对复杂的环境,其任务的多样性和各种不确定性,都要求决策者能够合理安排资源和人力,更好地应对救援工作。

2.3.2 客观不确定性

客观不确定性只随其物理属性的改变而变化,主要来源于事物内部的固有变异性,不受其他条件影响。溃坝应急的客观不确定性主要源自洪水,洪水是一个涉及多项机理与科学问题的动态过程,它受水文、气象、地理以及人为干扰等多项因素影响,其行进过程属于典型的非恒定流,因而,洪水在水库、渠道、河道以及洪泛区演进中存在着各种不确定性。在全世界气候变化的诱因下,各种极端降水事件频发,导致洪水、枯水频率曲线发生变化,增加了设计洪水大小核算的不确定性,给保障水库大坝安全管理中应急预案的有效性、可操作性带来了极大难度。按照洪水相关影响因素分析,将溃坝应急的客观不确定性分为降雨及入库洪水、溃坝形式及溃口流量、洪水过程及水力的不确定性。

2.3.2.1 降雨及入库洪水的不确定性

（1）降雨

降雨是洪水发生的初始条件,但是降雨在时间、空间上具有显著的分布不均匀的特点。根据中国气象局 698 个气象站 1994—2013 年的降雨数据可计算得出,从空间上,我国降雨量呈现出由东南沿海向西北内陆递减的规律,而在时间上呈现出降雨集中在夏季、冬季和春季降雨少的规律,由此可看出,我国降雨存在显著的时空差异性,且表现出较大的不确定性。降雨不但在这种大尺度下存在时空差异,而且在中小尺度下也如此,如流域内不同海拔高度在同一场降雨下,其降雨量也会存在差异;在同一个区域内,其内部的降雨中心也存在较大的不确定性。

　　除了时空差异外,降雨的观测数据也存在不确定性,在外界环境、观测点的位置、观测方法等方面都会导致数据信息产生误差。降雨资料作为重要的数据,它的处理方法一般基于空间插值,而空间插值的结果在站点数量的变化、插值方法的差异、时间以及空间尺度等方面都存在关联,合理分析这些因素的不确定性,能极大提高区域降雨的有效插值。综上可知,流域降雨空间分布不均匀,以及降雨强度的时间变异性会造成洪水过程的不确定性,进而影响应急预案的有效性和针对性。

　　(2) 入库洪水

　　入库洪水受到降雨的影响,随着河道内水位上涨,河道内或流域内天然洪峰流量也将不断增大,而天然洪峰流量作为大坝设计中一个重要参数,其值的确定暂时没有一个固定的方法,目前多用推理公式法、水位-流量关系曲线延长法、地区经验公式法等来计算,且对于单次降雨来说,它的值是一个定量。因此,天然洪峰流量的推算受到选取方法的影响,同时受到自然过程复杂多变性的制约,其值也存在一定的不确定性。

　　一般而言,大中型水库都有雨量站的实测流量资料,因此,其入库洪水的设计洪峰流量可基于流量资料进行推求,并与历史洪水资料进行对比分析,得到比较准确的值。它的不确定性主要源自原始资料的精度、所选洪水系列的代表性等因素。而对于小流域的一些水库,往往缺乏实测流量资料,因此多采用暴雨资料推求设计洪水。比如,小流域设计洪峰流量采用推理公式时,由下式计算:

$$Q_m = 0.278\Psi \frac{S_P}{\tau^n} F \tag{2.3-8}$$

式中:Q_m——设计洪峰流量,m^3/s;

　　　Ψ——洪峰径流系数;

　　　S_P——暴雨雨力,mm/h;

　　　τ——流域汇流时间,h;

　　　n——暴雨强度衰减系数;

　　　F——流域面积,km^2。

从(2.3-8)中可看出,推理公式的成立需要满足一定条件,但是实际情况与假定条件会存在差异性,因此属于半理论半经验公式。如暴雨强度衰减系数 n 的值就存在一定的不确定性,只有所计算区域有完整的实测暴雨资料时,所选 n 的值才能很好地体现该次暴雨特性,但往往许多小流域并无暴雨资料,由此就需根据当地流域特性绘制的 n 值分区图进行取值。此外,洪峰流量还受汇流参数的影响,由于汇流时间与汇流路径的不同,将导致流域出口断面的流量过程线不同,正是由于其非线性特点,使所求洪峰流量值存在较大的不确定性。

2.3.2.2 溃坝形式及溃口流量的不确定性

溃坝事故发生时,溃口处的流量计算也是防洪减灾中的一个重要环节,溃口洪峰流量直接影响水库下游受灾区应急处置的措施。由于不同坝型的溃决形式有所差异,因此其溃口洪峰流量的计算也会有所不同,主要分为两种:

（1）瞬间溃

这种溃决方式,其溃口流量可根据《水力计算手册》中给出的近似公式来计算,因溃口形状的不同,又分为矩形溃口和抛物线溃口两种情形。

① 矩形溃口

$$Q_M = 0.296B\sqrt{g}H_0^{3/2} \tag{2.3-9}$$

② 抛物线溃口

$$Q_M = 0.23B\sqrt{g}H_0^{3/2} \tag{2.3-10}$$

式中:Q_M——溃坝最大流量;

H_0——溃坝作用水头;

B——断面上部宽度。

（2）逐渐溃

土石坝一般为逐步溃决,整个溃决过程的时间较长,且溃坝发展程度受到多种原因影响,为求得溃口流量,目前主要有两大方法:(a)基于参数的模型。利用溃坝过程中溃口最终宽度、溃决历时等,来研究溃口形状随时间变化以计算溃口流量;建立坝高和库容等参数与最大溃口流量之间的回归方程来计算溃口流量过程;(b)基于溃坝机理的模型。综合应用泥沙动力学、水力学等多个学科知识来模拟溃坝过程和溃坝洪水过程性的变化,据此求得溃口流量。

① 基于参数的模型

逐渐溃坝的溃口主要涉及溃口底部宽度 b_i 和溃口边坡坡比 z,可采用宽顶堰公式计算其溃口流量,即:

$$Q_b = C_v k_s \left[3.1 b_i (h - h_b)^{1.5} + 2.45 z (h - h_b)^{2.5} \right] \quad (2.3\text{-}11)$$

式中:C_v——对行进流速的修正系数;

　　k_s——修正尾水影响出流的淹没系数;

　　b_i——溃决时溃口底部宽度;

　　h——库水位高程;

　　h_b——溃口高程;

　　z——溃口边坡坡比。

k_s 的值可按下式计算:

$$k_s = \begin{cases} 1 - 27.8\left(\dfrac{h_t - h_b}{h - h_b} - 0.67\right), & \dfrac{h_t - h_b}{h - h_b} > 0.67 \\ 1, & \dfrac{h_t - h_b}{h - h_b} \leqslant 0.67 \end{cases} \quad (2.3\text{-}12)$$

式中:h_t 为尾水水位高程。

C_v 由下式计算:

$$C_v = 1 - 0.023 \frac{Q_b^2}{B_d^2 (h - h_{bm})^2 \cdot (h - h_b)} \quad (2.3\text{-}13)$$

式中:B_d——水库坝前宽度;

　　h_{bm}——最终溃口底部高程。

② 基于溃坝机理的模型

基于溃坝机理进行溃口形状、溃口流量等分析计算,比较典型的有 BEED 模型、BREACH 模型等。此处介绍使用比较广泛的 BREACH 模型,该模型分为漫顶以及管涌模式。

当发生漫顶溃坝时,溃口流量采用下式计算:

$$Q_b = 3 B_0 (H - H_c)^{1.5} \quad (2.3\text{-}14)$$

式中:Q_b——溃口流量;

B_0——初始矩形形状河渠的瞬时宽度;

H_c——溃口底高;

H——库水位高。

当发生管涌溃坝时,溃口流量采用下式计算:

$$Q_b = A[2g(H - H_p)/(1 + fL/D)]^{0.5} \tag{2.3-15}$$

式中:Q_b——管涌内的流量;

A——溃口处横切断面面积;

H——库水位高;

H_p——中心线高程;

$(H - H_p)$——溃口静态水头;

D——管涌通道直径或宽度;

L——管涌长度;

f——摩擦因子。

通过分析两种计算方法可知,第一种方法为基于准确、完整的溃坝实例数据,但实际往往缺乏大型水库的溃坝资料,因此获得的溃坝相关数据具有很大不确定性,且没有涉及溃坝机理,因此其精度不高,最终结果也不太准确,一般用作初步估算;第二种方法获得的精度较高,且能计算出溃口的最终形状、溃口大小发展过程等数据,但它是基于复杂溃坝过程的发展机理进行计算的,具有显著的随机性特征,且溃决时的边坡稳定性也存在不确定性,这势必影响溃口流量的变化。

总之,当发生溃坝突发事件时,很难得到与溃口相关的尺寸以及流量数据,溃口参数也具有随机性,且对于溃口发展也做了一定的简化,故所求的溃口洪峰流量具有一定的主观性和不确定性,需加大对于溃坝机理的研究,减小其不确定性,为洪水演进提供一个可靠的数据支撑。

2.3.2.3 洪水过程的不确定性

洪水过程包括洪水涨点、洪峰位置、退水点、洪水总量以及洪水历时,其计算过程涉及气象因素、地理因素等,因此对洪水过程的分析存在很大的不确定性。

对于具有调节功能的水库大坝,洪水管理的重要依据就是设计洪水,而设计洪水的计算包括设计流量、典型洪水的选择及放大和洪峰等,上述计算流程中的不确定性都会影响设计洪水的最终结果。其中,在设计洪峰与设计流量的推求时,需根据水文频率的分析结果而获取,因此其不确定性主要源自频率分析过程中的诸多问题;而洪水过程线的不确定性主要源自典型洪水的选择及放大过程。

(1) 水文频率分析

洪水频率分析过程中的不确定性来源主要分为如下三种:

① 样本抽样的不确定性

由于水文现象的随机性及水文极值系列往往长度较短,所抽取样本无法完全代表整体分布,因此存在样本抽样的不确定性。现如今,样本抽样主要在已有数据基础上进行随机模拟,得到大量符合规律的样本数据,由此获得分析结果。比较常用的有 Bootstrap 方法,该方法分为参数法和非参数法,参数法使用效率比较高,但当原始资料不太明确时,一般采用非参数法。

非参数 Bootstrap 方法中总体分布 F 未知,随后从该样本中抽取出数量为 n 的样本,再将所取样本放回原样本中,如此往复可抽取出多个 Bootstrap 样本,再利用这些样本对总体分布 F 进行统计判断。于是可得到所需参数 θ 的估计值 $\hat{\theta}$,采用标准差 $\hat{\sigma}_{\hat{\theta}} = \sqrt{D(\hat{\theta})}$ 来度量估计值 $\hat{\theta}$ 的精度,用下式计算:

$$\hat{\sigma}_{\hat{\theta}} = \sqrt{\frac{1}{B-1} \sum_{i=1}^{B} (\hat{\theta}_i - \bar{\theta})^2} \tag{2.3-16}$$

式中:B 表示从样本 F 中抽取容量为 n 的样本个数;$\bar{\theta} = \frac{1}{B} \sum_{i=1}^{B} \hat{\theta}_i$,$\hat{\theta}_i$ 表示第 i 个估计数值。

这种不确定性分析方法主要采用重复抽样得出整体均值和方差的分布特征,在实测数据的基础上运用计算机模拟产生大量数据,定量给出统计量的区间估计值,提高置信区间的估计精度,并对整体数据的特征进行推断,继而降低样本抽样的不确定性。

② 线型选择的不确定性

洪水规律受地理及自然气候等因素的影响,不同地区呈现的规律也存在差异性,水文频率中没有一种分布线型能够克服样本分布函数中不确定的缺陷,大部分都是根据经验而进行的拟合,未对其物理机制进行说明,导致最终所选线型存在不确定性。为了降低线型不确定性带来的影响,有两类不确定性分析方法,一是贝叶斯模型综合法,二是多模型比较法。贝叶斯模型综合法主要是对研究区域内的数据拟合的准确度进行检验,重点在于后验概率权重的计算,但受先验概率的影响比较大,如能获得准确的先验概率就能极大降低线性选择的不确定性。而多模型比较法是先选取一定数量的备选线型,通过模型评价准则择优选取,虽然评价准则能够降低洪水计算中的不确定性,但是不同的评价准则也会对结果产生差异性。由此可对不同评价准则采用综合指数 Z 来表示,假定共有 m 个评价准则,位于中间 n 以前的数值越大则代表结果越好,$n+1$ 以后的数值则是越小代表结果越好,如此第 i 个备选线型的综合评价指数 Z 可由下式计算:

$$Z = \frac{1}{m}\left[\sum_{j=1}^{n} \frac{x_{i,j}}{\max_{1\leqslant i\leqslant l}(x_{i,j})} + \sum_{j=n+1}^{m} \frac{\min_{1\leqslant i\leqslant l}(x_{i,j})}{x_{i,j}}\right] \tag{2.3-17}$$

式中:m——评价准则个数;

　　l——线型个数;

　　$x_{i,j}$——第 i 个备选线型的第 j 个评价准则值。

当 Z 的值接近 1 时,表明所选线型结果最优,因此采用这种方法即能考虑多方面信息的融合,从不同模型的评价结果中选择最优模型,将线型选择的不确定性降到最低。

③ 参数估计的不确定性

当数据资料缺乏和估计方法存在缺陷,就会导致参数估计存在很大的不确定性。当前主要采用贝叶斯模型结合马尔科夫链蒙特卡洛方法进行参数估计的不确定性分析,整体思想为通过分析参数的后验分布特征,从而降低参数估计的不确定性。

贝叶斯模型中,假定参数 θ 为一个随机变量,由此其后验分布概率 $p(\theta|X)$ 以及考虑参数不确定性的水文极值变量 Q 的概率密度函数 $I(Q|X)$ 表示为:

$$P(\theta \mid X) = \frac{l(X \mid \theta)g(\theta)}{\int l(X \mid \theta)g(\theta)\,\mathrm{d}\theta} \tag{2.3-18}$$

$$I(Q \mid X) = \int_{\theta} f(Q \mid \theta) \, p(\theta \mid X) \, \mathrm{d}\theta \qquad (2.3\text{-}19)$$

式中：$g(\theta)$——参数 θ 的先验分布；

　　$l(X \mid \theta)$——实测样本 X 下参数的似然函数；

　　$f(Q \mid \theta)$——参数 θ 条件下水文变量 Q 的概率密度函数。

对式(2.3-19)积分，可得给定频率下的设计值：

$$P(Q \geqslant Q_P \mid X) = \int_{Q_P}^{+\infty} I(Q \mid X) \, \mathrm{d}Q = \int_{\theta} P(Q \geqslant Q_P \mid \theta) \, p(\theta \mid X) \, \mathrm{d}\theta$$

$$(2.3\text{-}20)$$

式中：$P(Q \geqslant Q_P \mid \theta)$ 为水文极值变量 Q 在参数 θ 条件下发生 $Q \geqslant Q_P$ 时的概率。

由于后验概率密度计算中存在高维积分，其值很难求得，因此采用马尔科夫链蒙特卡洛方法进行计算，通过对结果的收敛情况进行判断，获得收敛的参数后验分布，再根据贝叶斯理论分析其参数的后验分布特征，由此以概率的方式定量表述参数的不确定性。

水文频率分析过程中涉及分布函数、参数估计、水文要素样本抽样，各个环节中理论和方法的多样性导致了水文频率分析计算中的不确定性。目前主要集中在单变量估计的不确定性研究，为了更好地描述水文频率分析中的不确定性，需开展多变量洪水估计不确定性研究。定量化水文事件演变规律中的不确定性，定量估计不确定性对水库调洪结果造成的影响，为洪水过程线的计算提供了准确的数据支持。

（2）洪水过程线

洪水过程线主要为防洪工程和风险管理决策提供了依据，它能呈现出洪水样本的随机变化规律和样本的统计特性。洪水过程线一般是通过频率分析来确定洪峰与洪量大小，再选取能够代表流域洪水特征且对工程不利的洪水作为典型洪水进行放大而求得。而洪水事件是一种涉及多变量的水文随机事件，且各种变量之间相互影响，除了水文频率分析的不确定性，还存在不同方法计算典型洪水的不确定性。因此在实际计算中可根据不同工程概况以及各自流域所具有的洪水特征来选取计算方法，方法的差异性将直接决定水库的特征水位，主要方法有以下两种。

① 同倍比放大法

对于调节能力较弱且以排洪为主的工程,可用同倍比放大法,其放大系数按下式计算:

$$k_Q = \frac{Q_{mp}}{Q_{md}}, k_W = \frac{W_{kp}}{W_{kd}} \qquad (2.3-21)$$

式中:k_Q——峰比系数;

k_W——量比系数;

Q_{mp}——频率 p 对应的洪峰流量;

Q_{md}——典型洪峰流量;

W_{kp}——控制时段内的设计洪峰流量;

W_{kd}——控制时段内的典型洪峰流量。

② 同频率放大法

同频率放大法其放大系数按下式计算:

$$k_Q = \frac{Q_{mp}}{Q_{md}}, k_{W_1} = \frac{W_{kp}}{W_{kd}}, k_{W_3} = \frac{W_{3p} - W_{1P}}{W_{3d} - W_{1d}} \qquad (2.3-22)$$

式中:Q_{mp}、W_{1p}、W_{3p}——频率 P 对应的洪峰流量与各时段洪量;

Q_{md}、W_{1d}、W_{3d}——典型洪水过程线的洪峰流量与各时段洪量;

k_Q、k_{W_1}、k_{W_3}——洪峰流量与各时段洪量的放大系数。

典型洪水过程线必须在工程安全的前提下进行选取,因此通常选取洪峰较高、洪量较大、主峰靠后以及不利于泄洪的典型洪水过程线进行放大,但由于洪水在河道中下泄时形态复杂多变,导致其洪水过程线的形状与洪峰位置在不同情况下也会存在差异,因此按照上述原则选取的线型并不能完全表示洪水演进的整体特征。总之,不管采用哪种方法进行洪水过程线的计算,都应使得洪水过程线的特征符合实际演进过程,并且加强流域特性的物理研究,降低因方法选取而造成的不确定性。

2.3.2.4 水力的不确定性

水力的不确定性主要源自溃坝模型中水力参数、河道的边界地形以及水力模型三方面。

（1）水力参数的不确定性

溃坝模型计算中涉及许多参数，这些参数都是从水工建筑物的结构特点以及不同的形式经过大量实验推求而得，并不具备严格的数学意义，大部分都只给出了一个合理区间，经验占到很大的比例，继而影响到水库大坝的一些特征水位的确定。如糙率的取值，有资料的地区可用曼宁公式反推求得，曼宁系数的计算必须基于河道中明渠恒定流的情况，由于洪水水流形态为明渠非恒定流，因此通常会被认为是在极短的时间内被当成明渠恒定流来计算的，但随着流速与过水断面及水力半径的不断增大，其值的确定也充满了不确定性；无资料的地区则需要根据河道弯曲程度、地形地貌、来水大小以及河槽冲淤等因素来确定其天然河道糙率，同时，糙率系数还需选取多场洪水进行参数率定，以减少率定的不确定性与误差。

（2）边界地形的不确定性

河道边界地形随着洪水下泄传播，其形态呈现动态性，因此边界地形也是一个不确定性因素。当洪水在河道下游行进时，会随着水流的大小以及流速不断冲刷河道地形，随着河道水流的淘刷，其相应的水力条件也会发生变化，导致水流速度以及行进方向改变，致使河道形态的改变，从而影响洪水下泄途径，使得溃坝后下游洪水的淹没范围充满了许多不确定性，给应急救援带来了诸多的未知因素。

（3）水力模型的不确定性

在设计水库大坝等建筑物的尺寸大小时，一般需要预设几组值，然后根据相关水力学公式计算出所设尺寸是否符合规范以及工程实际要求，将其中不符合规范的方案剔除，往往根据此建立的水力模型就是最大化地还原实际的水力情况，但采用水力学公式计算时都是在满足一定条件下，并不能完全描述出真实的水流形态，因此必定与真实情况存在一定的差异性，其本身也就充满了不确定性。

综上所述，溃坝应急的客观不确定性主要源自洪水这一过程，而这些不确定性势必会影响溃坝应急预案洪水风险图、应急救援行动、撤离路径等关键问题，因此通过分析这些不确定性，一是诊断不确定性来源，促进对洪水规律的认识；二是降低各种不确定性，从而为应急策略的具体实施提供准确的数据支撑。

2.4　溃坝应急的不确定性表现及特点

溃坝应急的不确定性呈现出多元化趋势,具有模糊性、随机性、非线性等特点,再加上溃坝突发事件应急处置过程涉及多个学科的联合运用,导致其不确定性更加复杂,具体表现见图2.4-1。

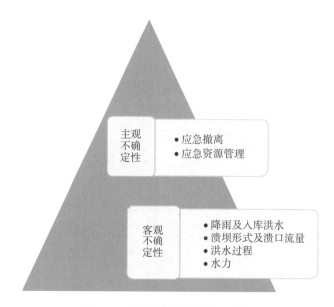

图 2.4-1　溃坝应急的不确定性表现

从空间维度而言,不确定性的认知程度因人而异,可能对于某些人而言是不确定性,但是对于了解整个过程的人而言就是确定性的,因此溃坝应急的不确定性在空间维度上具有相对性。另外,不确定性与确定性本身就是相对而言的,当通过建立相关分析模型进行突发事件的模拟预测时,所建模型只是简化版本,那么简化后的与实际情况的不确定性就很难估计,因此不确定性呈现出相对性的特点。

从时间维度而言,突发公共安全事件应急处置效果还受到风险人口对事件认知程度的影响。随着水库大坝风险管理理念的宣传推广,以及国家开始重视建设高效科学的自然灾害防治体系,社会和公众对于溃坝突发事件中灾情认知能力和经验水平是不断提升的,原本的一些不确定性转化为确定性,溃坝应急中所呈现的不确定性也会表现出动态性特征。

根据应急预案导则可知,溃坝应急整个过程分为预防与应急准备、监测和预警、应急处置与救援以及应急结束四个关键阶段。按照四个阶段的不同工作缓急,可将上述四个阶段构成"常态管理—非常态管理—常态管理"应急管理生命周期的循环。其中,预防与应急准备、监测和预警、应急结束为常态管理,主要是指事件的初期和恢复期;应急处置与救援为非常态管理,主要是指事件的发展期与延续期。由于应急预案启动的级别是根据突发事件的等级来确定的,而不同的级别其严重程度、可控程度以及发展态势都是有所区别的,因此应急的不同阶段所体现的不确定性程度也会存在差异性,根据应急流程所体现的复杂程度以及其他影响因素,可得出不确定性与应急阶段的规律变化,整体呈现出倒 U 形分布,见图 2.4-2。

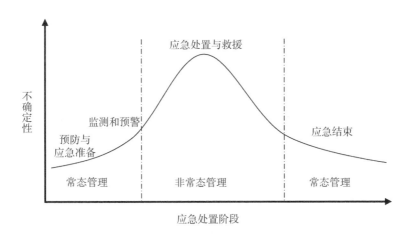

图 2.4-2 应急处置阶段不确定性程度

从上图可以看出,溃坝事件中不确定性程度的高低与应急不同阶段有关,且由于溃坝事件本身的复杂性,使得溃坝应急中各环节不确定性的特征更加复杂。溃坝应急中的不确定性既有溃坝事件本身的不确定性,也有外部因素的不确定性,再加上不确定性具有动态特性,使得应急处置时各种不确定性更加凸显。由前文对溃坝应急中的不确定性分析,可知其主要表现在主观与客观两方面,主观不确定性体现在应急撤离和应急资源管理方面,客观不确定性体现在降雨及入库洪水、溃坝形式及溃口流量、洪水过程和水力方面。

通过对溃坝应急中的不确定性与应急处置阶段的相互作用机制进行分析,

可知不确定性在应急初期和恢复期的不确定性程度较低,而事件的发展期和延续期的不确定性程度较高,根据不确定性程度的高低来明确应急处置、应急响应等关键环节,加强对事态发展趋势的科学预测,并在溃坝应急处置时把握突发事件这一本质特征,为有效应对溃坝应急中的不确定性提供科学依据,提高应对溃坝突发事件的调整能力。

3

溃坝应急预案编制及其关键技术

在制定溃坝应急预案时,重要的是考虑多种因素,如大坝的结构特征、水文水资源和气象条件等,以确保预案的科学性、实用性和可操作性。通过风险评估和溃口模拟分析,可以定量地评估溃决可能对下游区域造成的洪水、冲击力等影响。此外,利用 MIKE 21 模型进行溃坝洪水演进的模拟研究,可以预测洪水的传播过程和波及范围,并为溃坝应急预案提供决策依据。

这些关键技术的应用,能够提高溃坝应急预案的科学性和实用性,以降低潜在溃坝灾害的风险,保护人民群众生命财产安全。通过制定应急预案和应用模拟分析技术,可以明确应急响应措施、建立预警系统,并规划疏散路线和避难所。此外,将现代信息技术应用于大坝监测和预警系统,可以实现实时监测和预警信息的及时传递。

总而言之,溃坝应急预案编制及其关键技术是在大坝面临潜在溃坝风险时,为保护人民群众生命财产安全而采取的一系列紧急措施。这些技术的应用,能够提高应急预案的科学性和实用性,并为应对溃坝灾害提供科学依据和决策支持。

3.1　溃坝应急预案

3.1.1　应急预案概念

应急预案的雏形起源于第二次世界大战期间的民防计划,由于战争行为给平民造成巨大伤亡和基础设施的严重破坏,英国、法国等参战国纷纷制定了以保护公众安全为目标的民防战略或计划。“二战”后,这一做法又演变扩展到应对自然灾害和技术灾难等领域。20 世纪 70 年代末,美国组建了联邦应急管理局(FEMA),应急管理模式逐渐由分散向集中统一方向转变。该机构召集了全国范围内的科学家和政府官员,对应急预案的形式、内容以及分类进行了详尽的研究和评估,其代表性成果是在 1992 年美国政府颁布的《联邦应急响应预案》[130]。

应急预案是指面对突发事件,如自然灾害、重特大事故及人为破坏的应急管理、指挥、救援计划等。应急预案实际上是标准化的反应程序,以使应急救援活动能迅速、有序地按照计划和最有效的步骤来进行[131]。它有八个方面的核心内容：①明确突发事件应急处置的政策法规依据、工作原则和应对重点等基本内容；②明确突发事件应对工作的组织指挥体系与职责，规范应急指挥机构的响应程序和内容，并对有关组织应急救援的责任进行规定；③明确突发事件的预防预警机制和应急处置程序及方法，能快速反应处理故障或将突发事件消除在萌芽状态，防止突发事件扩大和蔓延；④明确突发事件分级响应的原则、主体、程序，以及组织管理流程框架、应对策略选择和资源调配的原则；⑤明确突发事件的抢险救援、处置程序，采用预先规定的方式，在突发事件中实施迅速、有效的救援，以减少人员伤亡，保障人民群众生命财产安全；⑥明确处置突发事件过程中的应急保障措施，如应急处置过程中的人力、财力、物资、交通运输、医疗卫生、治安维护、人员防护、通信与信息、公共设施、社会沟通、技术支撑等；⑦对事后恢复重建与善后管理进行规范，以在突发事件处置完毕后，人们的生产生活、社会秩序和生态环境能尽快恢复正常状态；⑧明确应急管理日常事务，对宣传、培训、演练、调查评估，以及应急预案本身的修订完善等动态管理内容进行规范。

应急预案是应急管理的文本体现，是应急管理工作的指导性文件，其目标是控制紧急事件的发展并尽最大可能消除事故，将事故对人员、财产和环境所造成的损失减到最低程度。应急预案实际上是一个透明和标准化的反应程序，它能够使应急救援活动按照预先周密的计划和最有效的实施步骤有条不紊地进行，这些计划和步骤是快速响应和有效救援的基本保证。应急预案应该有系统完整的设计、标准化的文本书件、行之有效的操作程序和持续改进的运行机制。

3.1.2　应急预案的分类

（1）按照突发公共事件的类型进行分类

根据《国家突发公共事件总体应急预案》，突发公共事件预案的对象，以及不同类型的突发公共事件的发生机理、后果不同，可以将应急预案分为：①自然灾害应急预案；②事故灾难应急预案；③公共卫生事件应急预案；④社会安全事件应急预案。

自然灾害应急预案又可以分为抗震减灾应急预案、抗洪防涝应急预案、恶劣天气应急预案、森林草原火灾应急预案等；事故灾难应急预案又可以分为工矿业安全事故应急预案、交通运输事故应急预案、公共设施和设备事故应急预案、环境污染应急预案等。公共卫生事件应急预案又可分为传染病应急预案、群体性不明原因疾病应急预案、食品安全和职业危害应急预案、动物疫情应急预案等。社会安全事件应急预案又可分为恐怖袭击事件应急预案、经济安全事件应急预案、涉外突发事件应急预案等。

（2）按照应急预案编制过程与方法进行分类

按照应急预案编制过程与方法划分标准,应急预案可分为两类:①审议式应急预案,是依据构建突发事件情景中各类假设的状态,制定出战略性和概念性应急预案的过程,这类预案比较格式化,经评审批准后预案文本不易改动,我国已公布的一些预案大多属于此类;②行动应急预案,这类预案的制定一般是在突发事件即将发生和事件发生后的处置过程中,针对事件现场发生的各类实际状况(随机情景)对审议式预案进行调整、修改,从而制定出具有可执行性的行动方案。

（3）按照应急预案的编制与执行主体进行分类

按照应急预案的编制与执行主体划分标准,应急预案可划分为国家、省、市和企业(包括社区)四类:①国家预案,这是一种宏观管理,是以场外应急指挥为主的综合性预案,包括出现涉及全国或性质特别严重的事故灾难的危急处置情况;②省一级预案,同国家预案大体相似;③市一级预案,应既有场外应急指挥,也有场内应急救援指挥,还包括应急响应程序和标准化操作程序。所有应急救援活动的责任、功能、目标都应清晰、准确,每一个重要程序或活动必须通过现场实际演练与评审;④企业级预案,大多是一种现场预案,以场内应急指挥为主,它强调预案的可操作性。

（4）按照应急预案的功能与目标进行分类

按照应急预案的功能与目标不同,应急预案可分为三类:

① 总体预案。总体预案,也称综合预案,以场外指挥与集中指挥为主,侧重于应急救援活动的组织协调。总体预案从总体上阐述了处理突发事件的应急方针、政策、应急组织结构及相关应急职责、应急行动、措施和保障等基本要求和程序,是应对各类突发事件的综合性文件。总体预案全面考虑管理者和应急者的责任和义务,并说明紧急事件应急救援体系的预防、准备、应急和恢复等过程的关联。通过总体预案可以清晰了解应急体系及文件体系,特别是政府总

体预案可作为应急救援工作的基础,即使对那些没有预料到的紧急事件也能起到一般的应急指导作用。总体应急预案虽然适应性强,但针对性不足,对于重要事件、重要环节,一般要有其他专门预案的辅助,以提高针对性。

② 专项预案。专项预案是针对具体的事件类别(如大坝溃决、突发地震灾害、煤矿瓦斯爆炸、危险化学品泄漏等事故)、危险源和应急保障而制订的计划或方案,是总体预案的组成部分,应按照总体预案的程序和要求组织制定,并作为总体预案的附件。专项预案应制定明确的救援程序和具体的应急救援措施。某些专项应急预案包括准备措施,但大多数专项预案通常只有应急阶段部分,一般不涉及事件的预防和准备,以及事件处置后的恢复阶段。专项预案是在总体预案的基础上充分考虑了某种特定危险的特点,对应急形势、组织机构、应急活动等进行更具体的阐述,具有较强的针对性,但需要做好协调工作。

③ 现场预案。现场预案通常也称为现场处置方案。现场预案是针对具体的装置、场所或设施、岗位所制定的应急处置措施。它是在专项预案的基础上,根据具体情况需要而编制的,是针对特定的具体场所,通常是该类型事故风险较大的场所或重要防护区域所制定的预案。现场预案是一系列简单行动的过程,针对特定现场的特殊危险及其周边环境状况,在详细分析的基础上,对应急救援中的各个方面做出的具体而细致的安排,具有针对性和对现场救援活动的指导性,但现场预案不涉及准备及恢复活动。一些应急行动计划不能指出特殊装置的特性及其他可能的危险,需通过补充内容加以完善。现场处置方案应具体、简单、针对性强。现场预案应根据风险评估及危险性控制措施逐一编制,做到事故相关人员应知应会,熟练掌握,并通过应急演练,做到迅速反应、正确处置。

(5) 按照应急预案的对象和级别进行分类

按照应急预案的对象和级别不同,应急预案可分为四类:

① 应急行动指南。应急行动指南主要是说明针对已辨识的危险应采取的特定应急行动。指南简要描述应急行动必须遵从的基本程序,如发生情况向谁报告,报告什么信息,采取哪些应急措施。这种应急预案主要起提示作用,对相关人员要进行培训,有时将这种预案作为其他类型应急预案的补充。

② 应急响应预案。针对现场每项设施和场所可能发生的事件情况而编制的预案称为应急响应预案。应急响应预案要包括所有可能的危险状况,明确有关人员在紧急状况下的职责。这类预案仅说明处理紧急事务的必需行动,不包

括事前要求(如培训、演练等)和事后措施。

③ 互助应急预案。这是相邻的预案编制主体为在事故应急处理中共享资源,相互帮助制定的应急预案。这类预案适合于资源有限的中、小企业以及高风险的大企业,需要高效的协调管理。

④ 应急管理预案。应急管理预案是综合性的事件应急预案,这类预案详细描述事件前、事件过程中和事件后,何人做何事、什么时候做、如何做。这类预案要明确制定一项职责的具体实施程序。应急管理预案包括事故应急的四个逻辑步骤:预防、预备、响应、恢复。

(6) 按照应急预案的生成时间、目的及过程特点进行分类

① 静态应急预案。在应急事件发生之前开始生成,主要用于预防某一类应急事件发生或为某一类应急事件发生后提供基本的处置程序与步骤的应急预案,可以界定为静态预案。

② 动态应急预案。应急事件发生之后开始生成,其目的是为处置当前事件,基于当前事件的具体情况和特点所形成的现场处置预案,可以界定为动态应急预案。动态应急预案是以静态应急预案的处置流程为基础,结合 GIS 系统功能,根据突发事件发生地点和重要影响因素的不同,生成相关处置方案的软件辅助决策系统。简单地讲,静态预案用于解决突发事件的"共性"问题,而动态预案用于解决突发事件的"个性"问题。由此可见,我们一般意义上所说的应急预案均为静态预案。

以上为六种应急预案分类方法,应急预案具体分类见图 3.1-1。

3.1.3　溃坝应急预案的定义和目标

水库大坝是人们开发和利用水资源的重要途径,然而,水库大坝同样是一个潜在的危险源,因此加强大坝形态及其变化信息的监测,降低溃坝风险成为水库大坝安全管理工作者关心的首要问题。溃坝应急预案的制定与实施,能够通过评估大坝所经受的内外作用和效应参数,加强安全检查、补强加固、安全监测等,在出现安全问题时,能及时甚至提前报警,为人员疏散和财产转移争取时间,有助于减少溃坝洪水所带来的危险,降低水库大坝下游人民群众生命财产损失。

结合应急预案概念与水利部颁布的《水库大坝安全管理应急预案编制导则》(SL/Z 720—2015)[131],溃坝应急预案是指针对水库大坝可能遭受突发洪

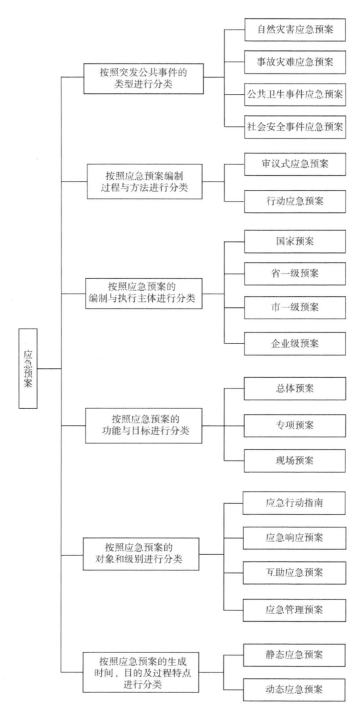

图 3.1-1　应急预案分类结构图

水、地质灾害、工程事故等灾难性事件导致坝体溃决后所采取的一系列应急管理、指挥、救援计划的反应行动。它是在辨识和评估潜在的溃坝原因、发生的可能性、发生过程、溃坝后果及影响严重程度的基础上,对应急机构与职责、人员、技术、装备、设施、设备、物资、救援行动及其指挥与协调等方面预先做出的具体安排。

溃坝应急预案有以下几方面含义:

(1)专项预案:溃坝应急预案隶属于水库大坝安全管理应急预案。水库大坝安全管理应急预案是针对水库大坝所有突发事件应急的总体预案,这些突发事件主要包括突发洪水事件、突发水污染事件、突发地震事件、突发恐怖袭击与战争事件等。溃坝应急预案是针对在多种致灾因子影响下,水库大坝发生溃坝灾害的应急预案,是仅针对溃坝突发事件的专项应急预案。

(2)溃坝灾害预防:通过采用先进技术对水库大坝潜在危险与致灾因子进行辨识和分析,结合应急管理方法降低溃坝突发事件发生的可能性或将溃坝灾害控制在局部,防止溃坝险情的蔓延。

(3)应急响应处理:水库大坝一旦发生溃坝险情,要有相应的应急处理程序及方法,能够以最快的速度处理萌芽状态的险情或消除险情。

(4)抢险救援:采用预定的现场抢险及抢救的方式,控制或减少溃坝灾害造成的人员伤亡或财产损失。

(5)宣传演练:水库大坝在日常运行时,需要对下游群众进行预案宣传工作,并着重对预案执行人员进行流程演练。预案的宣传主要针对水库下游溃坝洪水淹没范围内的群众,须让群众了解溃坝突发事件的应急处置流程,充分了解报警和撤离的信号,知道大坝发生意外时如何撤离,但又不至于造成不必要的人为恐慌。预案演练须确保预案执行人员能够完全熟悉溃坝应急预案的所有内容及相关设备情况,了解各自的权力、职责和任务,当溃坝突发事件发生时,立刻作出合适的应急响应。

3.1.4　溃坝应急预案编制原则与编制内容

溃坝应急预案应由溃坝事件预防和溃坝事件发生后的损失控制两方面构成,即应急预案的预防与控制原则。因此,溃坝应急预案编制应遵循预防、控制以及两者综合的原则。"提高系统安全保障能力"和"将突发事件控制在局部"是溃坝事件预防的两个关键点。"及时进行转移、救援处理"和"减轻突发事件所造成的损失"是溃坝事件损失控制的两个关键点。溃坝应急预案不能停留在纸上,要经常演练才能在溃坝发生时作出快速反应,真正发挥应急预案应有的作用,因此,编制溃坝应急预案应当贯彻"预防为主、防控结合"和"以人的生命价值为重"的原则。水利部颁发的《水库大坝安全管理应急预案编制导则》在更广泛的意义上强调编制水库大坝溃决应急预案应遵循"以人为本、分级负责、预防为主、可操作性、协调一致、动态管理"的原则。

根据溃坝应急预案的概念、适用主体、功能作用等要素,溃坝应急预案编制的主要内容包括:总则;水库大坝相关基础资料;突发事件及其后果分析;应急组织体系;预案运行机制;应急保障;宣传、培训与演练;应急预案管理;附表、附图与附件[131]。

(1)总则

溃坝应急预案总则主要包括制定预案的目的、制定预案所遵循的法律法规、预案的适用范围、预案所遵循的方针原则等。

(2)水库大坝相关基础资料

溃坝应急预案主体是水库大坝,在预案编制前期需收集整理水库大坝所在流域及相关区域的自然地理、水文气象、公共基础设施、工矿企业、水库功能与防护对象、大坝工程特性、大坝安全与管理现状、库区淤积情况、历时特大洪水或工程险情及其应急处置等基础资料。

(3)突发事件及其后果分析

对导致溃坝的突发事件分析,应由不同专业的专家在现场进行安全检查工作的基础上完成,主要工作如下:①根据流域洪水特点、环境变化、工程地质条件,分析判断是否存在可能导致溃坝的自然灾害类突发事件及其可能性大小;②根据工程安全现状分析结果、水库运行管理条件和水平及水库功能,分析判断是否存在可能导致溃坝的事故灾难类突发事件及其可能性大小;③根据水库地处位置、社会经济发展环境与动态,分析判断是否存在可能导致溃坝的社会安全事件类突发事件及其可能性大小;④对其他可能导致溃坝的突发事件可能性进行分析。根据上述分析结果,按可能性大小对突发事件进行排序,选择发生可能性较大的突发事件,作为预测预警与应急处置(抢险、调度、人员转移)的主要目标。

溃坝后果分析,主要工作如下:①针对可能发生的溃坝事件,进行溃坝模式分析,计算大坝溃口流量等水力参数和洪水过程线,选择最大溃口流量作为溃坝下泄洪水。土石坝应选择逐步溃坝模式,混凝土坝应选择瞬时溃坝模式。②依据不低于1:10 000的地形图,进行溃坝洪水演进分析,确定洪水流速、历时和淹没深度,绘制各种突发事件可能导致的溃坝洪水淹没图,包括最大淹没水深图、洪水演进淹没图、洪水严重性分布图等,作为制定人员应急转移方案的依据。③对淹没区基本情况进行统计,并确定不同的报警时间、发生时段、洪水严重性等因素条件下的生命损失、经济损失和社会环境危害,并据此划分突发事件等级,作为突发事件预测预警的依据。详细的突发事件及溃坝后果分析可作为预案附件。

（4）应急组织体系

溃坝应急预案应急组织体系主要包括:①应急组织体系框图。建立溃坝应急组织体系,并绘制预案编制、审查、批准、启动、实施(应急处置)、结束等过程的应急组织体系框图,明确水库管理单位、政府及相关职能部门、应急机构、涉及的工矿企事业单位、公众等在溃坝突发事件应急处置中的职责与相互之间的关系。②应急指挥机构。应急指挥机构在指挥长的领导下,主要负责溃坝应急预案的具体实施,包括溃坝突发事件的预测预警、险情报告、应急调度、应急抢险、险情监测和巡查、人员应急转移、善后处理、信息发布等。③应急保障机构。确定应急保障工作各项具体职责的负责人名单、单位、职务、联系方式。④专家组。为应急决策和处置提供技术支撑,一般由水工、地质、水文、金属结构、工程管理、气象、卫生、环保、通信、救灾、公共安全等不同领域专家组成,包括熟悉工程设计、施工、运行管理和参与应急预案编制与审查的专家,并确定专家组成员名单、单位、专业、联系方式。⑤抢险与救援队伍。确定其任务、设备与物资需求以及负责人与联系方式。抢险队伍一般由水库管理人员、当地驻军(武警)部队战士、当地政府与群众、工矿企事业单位人员组成;救援队伍一般由当地驻军(武警)部队、当地医院、当地政府与群众、工矿企事业单位人员组成。

（5）预案运行机制

溃坝应急预案运行机制主要为两大部分内容:预测与预警、应急响应。

① 预测与预警。根据水库大坝工程实际与突发事件分析结果,安装埋设必要的水情测报、工程安全监测、水质监测及报警设施,并结合人工巡视检查,建立水库大坝突发事件预测与预警系统。

② 应急响应。根据突发事件预警级别确定应急响应级别及关键措施,应急响应级别分为四级,即:红色预警,Ⅰ级响应;橙色预警,Ⅱ级响应;黄色预警,

Ⅲ级响应;蓝色预警,Ⅳ级响应。应急响应启动后,应急指挥部办公室在规定的时间内开始运转,并将相关信息报告相关各方,增加值班人员,24 h轮流值班,密切注视突发事件的发展变化;应急指挥部成员在接到应急指挥部办公室传达的信息后,在规定的时间内就位;必要时,应急指挥部办公室组织召开会商会议,并在规定的时间内派专家组赴水库现场加强技术指导工作;应急处置方案启动前,应急指挥部各个成员部门或单位根据各自职责做好准备工作。

（6）应急保障

应急保障机构的相关责任部门与责任人应根据应急处置的需要,制订应急保障计划,确保应急处置过程中的资金、抢险与救援队伍、抢险与救援物资、卫生及医疗、基本生活、交通与通信、治安维护等有充分保障。应急保障主要内容如下:①应急经费保障。应急经费包括应急预案编制费用,应急抢险与救援物资的购置、维护、保管及培训演习、应急处置、善后处理等直接费用。②抢险与救援队伍保障。应分别对抢险与救援队伍提出人员数量和素质方面的要求,并落实到相关单位。③抢险与救援物资保障。抢险与救援物资主要包括抢险材料与工具、设备以及救援设备,一般需要先行购置储备。应规定各种材料、工具、设备的数量与型号要求,以及存放地点、责任单位与保管人及联系方式。④卫生及医疗保障。对医治伤员的药品与医疗器械及卫生防疫药品作出要求,并确定筹措方式（一般为临时征用或采购）、责任单位、存放地点、保管人及联系方式。⑤基本生活保障。对应急转移人员和参与应急处置的工作人员的基本生活物资（如照明设施、食品、饮用水、棉被、帐篷、洗漱用品等）作出要求,并确定筹措方式（一般为临时征用或采购）、责任单位、存放地点、保管人及联系方式。⑥交通与通信保障。按照应急处置过程中运送应急抢险与救援队伍、物资,转移群众,医疗、卫生与生活用品等的需要,对交通运输工具提出数量和型号要求,并明确责任单位,落实提供单位,制订通信保障计划,明确责任单位,确保应急处置过程中的通信畅通。⑦治安维护。明确治安维护的责任单位,保护受灾区域,防止不法分子盗窃公共财物和受灾居民财物,确保灾区社会秩序稳定。

（7）宣传、培训与演练

预案的宣传主要针对水库下游溃坝洪水淹没范围内的群众。根据国外经验,公众参与是确保应急预案有效性的重要一环。因此,需要确定以适当的方式向溃坝洪水淹没区内的群众宣传水库大坝存在的风险,让群众了解溃坝突发事件的应急处置流程,充分理解报警和撤离的信号,知道大坝发生意外时如何撤离,但又不至于造成不必要的人为恐慌。

预案的培训主要针对应急指挥部各成员单位或部门责任人,以及水库运行管理单位的员工,确保他们完全熟悉溃坝应急预案的所有内容及相关设备情况,了解他们各自的权力、职责和任务。

预案的演习主要针对所有相关责任部门、水库运行管理单位及群众。根据国外经验,预案的演练可分为如下五种类型:①专题讨论会。参与者是大坝业主、州或地方紧急事务管理机构官员。他们共同讨论应急预案,并为每年的训练或演习制订初步计划。②训练。它是一种最低水平的实际演习、检验、制定或完善单个应急反应的技能。可以在室内完成,通过核实电话号码及其他通信设施的有效性来检验大坝业主的反应。这类训练是必不可少的。③桌面演习。它是比训练高一个级别的演习,通常包括一个会议,参与者为大坝业主、州或地方紧急事务管理机构官员,以一个模拟突发事件开始,参与者积极评价行动计划和应对步骤,解决协调和责任中的有关问题。④操作演习。它是最高水平的演习。在实际的突发事件中,参与者为大坝业主、州或地方紧急事务管理机构官员,在特定环境下,参与者在操作演习中模拟履行他们的实际职责,并在规定时间内展现他们的应对能力和处理过程。⑤大规模演习。它是最复杂的演习,在现场一个高度逼真模拟事件的动态环境中,所有参与者履行各自的职责,如果预先通知了群众,也可进行居民疏散的演习。

对具体某一座水库来说,可以根据实际情况来确定适当的方式和规模,组织相关部门、水库运行管理单位员工、群众参与预案演练。

(8)应急预案管理

溃坝应急预案管理包括以下三部分内容:①溃坝应急预案管理的备案管理。溃坝应急预案要及时报相关应急管理职能部门备案,便于应急人员的查询。②预案更新维护。溃坝应急预案的编制依据是相关的法律法规,此外还涉及相关机构和人员,因此,在法律法规、所涉及的机构和人员发生重大改变,或在执行中发现存在重大缺陷时,相关应急管理职能部门应结合实际情况对预案进行及时的修订。应急管理职能部门要定期组织人员对预案进行评审,并根据评审结论组织人员对应急预案进行修订,以便及时有效地应对溃坝突发事件。相关单位或部门要按照溃坝应急预案的规则履行职责,完成相应的工作。③预案的实施时间。溃坝应急预案的实施时间一般从预案下发之日起开始实施。

（9）附表、附图与附件

附表、附图与附件主要内容如下：①水库工程特性表；②工程地理位置图；③水库枢纽平面布置图；④大坝及主要水工建筑物典型纵、横断面图；⑤水位、泄量、库容关系曲线；⑥洪水淹没图；⑦险情记录与报告表等；⑧溃坝洪水淹没研究报告等。

3.1.5　溃坝应急预案编制流程

由于溃坝灾害致灾因子类型繁杂且突发性强，仅仅单靠某个部门是不可能编制一个完善的应急预案的。因此，溃坝应急预案在编制之前必须成立应急预案编制小组，小组成员要具备应对溃坝灾害的经验和技能，同时要对应急撤退、应急救援有全面了解。溃坝应急预案编制流程见图 3.1-2。

3.2　溃口洪水模拟

当发生溃坝突发事件时，计算溃坝时溃口最大流量、洪峰流量到达时间等一系列指标是分析洪水淹没造成后果及绘制洪水风险图的前提。由于不同坝型溃坝模式的差别，导致其计算获取上述指标时的方法不同，一般主要分析土石坝和混凝土坝。

3.2.1　土石坝

土石坝占我国大坝总数的 95%，坝型、样式结构复杂，通过本书第二章对溃坝破坏模式的分析可知，土石坝的溃坝破坏模式主要为漫顶破坏和渗透破坏，针对土石坝中常见的均质土石坝、黏土心墙坝、混凝土面板堆石坝进行分析。

3.2.1.1　均质土石坝漫顶溃决数学模型

均质土石坝在漫顶溃决过程中，坝体上下游方向以"陡坎"冲蚀为主（图 3.2-1）。漫顶破坏初期，水流翻过坝顶冲刷背水坡面，冲刷形成的沟壑从细冲沟状向阶梯状"陡坎"逐渐发展。伴随着不断冲刷，水流运动状态发生变化，这些阶梯状"陡坎"在反向旋流的作用下，开始向坝顶逐渐发展，冲刷迎水坡，导致溃口不断扩大，流量随即增加，直至完全溃坝。

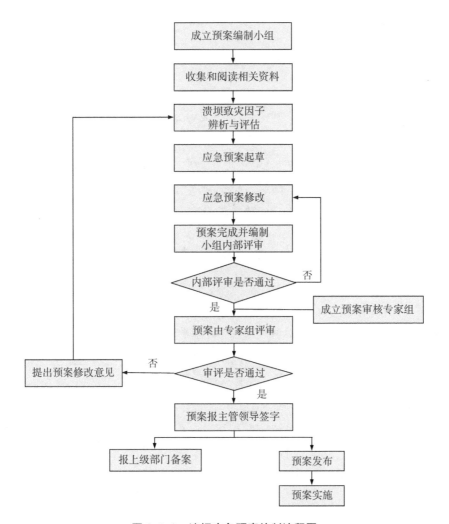

图 3.1-2 溃坝应急预案编制流程图

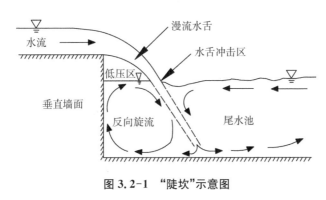

图 3.2-1 "陡坎"示意图

溃口流量 Q 采用下式进行计算：

$$Q = k_{sm}(c_1 BH^{1.5} + c_2 mH^{2.5}) \qquad (3.2\text{-}1)$$

式中：k_{sm}——尾水淹没修正系数；

　　　c_1、c_2——修正系数，其中 $c_1 = 1.7 \ \mathrm{m^{0.5}/s}$，$c_2 = 1.1 \ \mathrm{m^{0.5}/s}$；

　　　B——溃口底部宽度，m；

　　　m——初始溃口坡比；

　　　H——溃口的水深，m，$H = z_s - z_b$，其中 z_b 为初始溃口底部高程。

3.2.1.2　黏土心墙坝漫顶溃决数学模型

黏土心墙坝的坝壳采用透水性较好的砂石料，防渗心墙采用防渗性较好的黏性土，其漫顶破坏过程主要以坝壳料的表层冲蚀为主。大坝溃决初期，在漫顶水流的作用下，背水坡形成初始冲坑，伴随着坝壳料逐渐流失，心墙开始暴露临空，当所受水压力、土压力超过心墙黏结力、摩擦力时，心墙失稳，发生倒塌或剪切破坏。随后，漫顶水头迅速增大，溃口流量随即增加，导致溃坝。因此，在溃坝模拟时，心墙临空高度和倒塌时刻的合理确定对于溃口流量过程的合理模拟具有决定性的意义。

模型假设破坏的心墙两侧呈直立状（图 3.2-2）。对于心墙可能遭受拉应力导致的倾覆，采用力矩平衡法模拟其安全性；对于心墙可能发生的剪切破坏，采用力学平衡法模拟其安全性。在每个时间步长内，计算并比较两种潜在破坏模式的安全性，以确定哪种破坏模式更为合适。

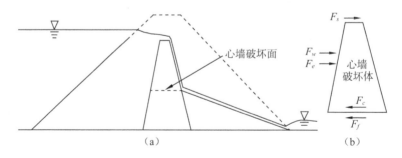

图 3.2-2　心墙坝破坏示意图

心墙发生倾覆破坏的临界条件为：

$$M_o = M_r \qquad (3.2\text{-}2)$$

式中：M_o——驱动力矩；

　　　M_r——抵抗力矩。

心墙发生剪切破坏的临界条件为：

$$F_s + F_w + F_e = F_c + F_f \tag{3.2-3}$$

式中：F_s——溃口漫顶水流作用在心墙顶部的剪切力；

　　　F_w——库水作用在心墙上的水压力；

　　　F_e——上游坝壳料作用在心墙上的土压力；

　　　F_c——心墙破坏体与侧面及底部的黏结力；

　　　F_f——心墙破坏体底部的摩擦力。

其溃口流量的计算同均质坝一样采用宽顶堰流公式进行计算，此处不再赘述。

3.2.1.3　混凝土面板堆石坝漫顶溃决数学模型

针对面板堆石坝溃决模拟，主要有李雷模型和陈生水模型等，此处采用李雷模型进行分析。面板堆石坝的溃决过程与一般土坝溃决有所差异。溃口出现溃决后（图 3.2-3），水流先对下游堆石坝进行冲刷，与此同时，下游坝体对上游面板起到支撑作用；随着溃口洪水的不断冲刷，面板承受的水压力逐渐增大，再加上面板自重，在下游坝体不断被冲刷和上游面板不断折断间，最终达到一个稳定的状态，此过程即为面板堆石坝溃决过程。

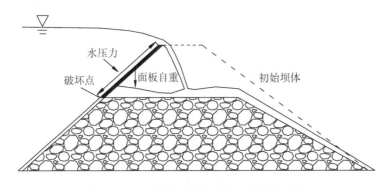

图 3.2-3　面板堆石坝漫顶溃决发展示意图

模型假定面板为悬臂梁，其受到自重与动水荷载的相互作用达到极限平衡位置，故可采用刚体极限平衡法求得面板折断长度：

$$\left[\frac{\rho_h m_1 h}{2\sqrt{1+m_1^2}}+\frac{\rho_w(h_0-Z_f)}{2}\right]L_d^2+\frac{\rho_w L_d^3}{6\sqrt{1+m_1^2}}=[M] \qquad (3.2\text{-}4)$$

式中：ρ_h——面板重度；

　　　m_1——上游坡比；

　　　h——面板厚度；

　　　ρ_w——水重度；

　　　h_0——库水位；

　　　Z_f——面板顶高程；

　　　L_d——面板临界折断长度；

　　　$[M]$——面板容许弯矩，可由《新编多层及高层建筑钢筋混凝土结构设计手册》查得。

面板折断后，流经溃口的流量由宽顶堰公式计算：

$$Q=\sigma_c bm\sqrt{2g}(h_0-Z_f)^{3/2} \qquad (3.2\text{-}5)$$

式中：Q——溃口流量；

　　　σ_c——侧收缩系数；

　　　b——溃口宽度；

　　　m——流量系数。

3.2.1.4　土石坝渗透破坏数学模型

土石坝渗透破坏初期一般先形成渗透通道。渗透通道在水流的作用下呈城门洞形并不断扩大，溃口顶部的拱形跨度亦不断增大，当渗透通道两侧土体的抗剪强度不足以承受其上部坝体的重力时，发生坍塌而降低坝顶高程，导致漫顶溃坝。

土石坝渗透破坏溃坝过程包含渗透破坏与漫顶破坏两个阶段。对于渗透破坏，采用孔流公式计算溃口流量：

$$Q=A\sqrt{\frac{2g(z_s-z_{bp})}{1+fL/(4R)}} \qquad (3.2\text{-}6)$$

式中：A——渗透通道断面面积；

　　　z_{bp}——渗透通道中心线高度；

　　　R——水力半径；

L——渗透通道长度；

f——摩擦系数。

对于渗透通道部分充水的情况或漫顶破坏，采用堰流公式计算溃口流量：

$$Q = 1.7 k_{sm} B_b H^{1.5} \qquad (3.2\text{-}7)$$

式中：k_{sm}——尾水淹没修正系数；

B_b——初始溃口底部宽度；

H——渗透通道内水深，$H = z_s - z_b$，其中 z_b 为初始溃口底部高程。

3.2.2　混凝土坝

混凝土坝由于其筑坝材料的特殊性，其发生溃坝过程往往具有瞬时性的特点，主要分为全溃和部分溃这两种溃决模式。

（1）全溃

当发生全溃时，其溃口流量主要采用公式（2.3-9）进行计算。

（2）部分溃

当发生部分溃时，其溃口流量采用谢任之公式进行计算：

$$Q_m = \lambda B \sqrt{g} H_0^{1.5} \qquad (3.2\text{-}8)$$

$$\lambda = \sigma^{n_2} m^{n_4} (1-f)^{n_6} \lambda_e \qquad (3.2\text{-}9)$$

式中：λ——流量参数；

n_2、n_4、n_6——拟合参数；

σ——淹没系数；

m——断面形状参数；

f——堰高比。

3.2.3　基于 BREACH 模型的溃口模拟分析

当前对于溃口模拟分析主要有经验公式模型、物理模型试验、数值模拟模型，具体使用哪种模型，取决于工程的具体要求、数据的可获得性以及模型的可行性。在实际应用中，也可以结合多种模型进行比较和验证，以提高模拟分析结果的准确性和可靠性。当前使用较多的有 MIKE 模型、BREACH 模型、HEC-RAS 等。

本书采用 BREACH 模型,演示了如何利用数值模拟进行溃口分析。BREACH 模型是一个基于数学机理的预测溃口特征(尺寸、形成时间)和溃决土坝引起的泄流水位过程线的数学模型,该模型原理基于水力学、泥沙运输、土力学、大坝的几何属性和材料属性及水库属性(库容、溢洪道特征和取决于时间的水库洪水入库流量速度)[132]。

用 BREACH 模型来模拟土质大坝的破坏,模型中的大坝或为均质土坝,或含有两种材料,即具有显著材料属性的一个外部区域和一个内部核心区域。大坝的下游面被具体地划分为:①给定恰好的站立长度的草被覆盖层;②与大坝外表部分一样的材料;③比外表部分粒径更大的材料。

3.2.3.1 溃口流量

BREACH 模型可模拟的溃坝模式为漫顶溃坝模式和管涌溃坝模式。

(1)漫顶溃坝模式

漫顶导致溃坝的水流侵蚀,初始时,如果没有草被覆盖层存在,那么假设沿着坡面存在一条小的矩形的溪流。在大坝下游坡面,逐渐形成了一条侵蚀河渠,其宽度与深度呈一定的比例关系。河渠中的水流流量用宽顶堰关系式确定,如下式:

$$Q_b = 3B_0(H - H_c)^{1.5} \tag{3.2-10}$$

式中,Q_b 为溃口河渠中的流量,m^3/s;B_0 为初始矩形河渠的瞬时宽度,m;H 为坝前水位高程,m;H_c 为溃口底部高程,m。

若大坝下游坡面有一层草被覆盖层,那么沿着被草覆盖的下游坡面的漫顶水流速度在每个时间步长期间用曼宁公式加以计算。经过侵蚀的下游坡面的破坏是在超过容许速率时所引发而开始的。此时,一个有三维量纲(一个深度×两个宽度)的单个溪流沿着下游坡面迅速形成,当溪流内部不存在一层草被覆盖层时,侵蚀现象会继续加剧。沿着下游坡面的速率计算如下式:

$$q = 3(H - H_c)^{1.5} \tag{3.2-11}$$

$$y = \left[\frac{qn'}{1.49(1/ZD)^{0.5}}\right]^{0.6} \tag{3.2-12}$$

$$n' = aq_b \tag{3.2-13}$$

$$v = q/y \tag{3.2-14}$$

式中,q 为漫顶流量,m^3/s;$(H-Hc)$ 为超过堰顶部的静态水头,m;n' 为草被均匀覆盖于河渠后的曼宁系数;y 为溃口中水流深度,m;ZD 为大坝下游坡比;a 和 b 为网格曲线的系数,由 BREACH 模型建立后自动生成;v 为下游坡面的水流速率,m/s。

(2)管涌溃坝模式

模拟管涌溃决时,水库的水位必须高于初始矩形管涌河渠的中心线高程,这是基于管涌侵蚀尺寸开始增大的假设。管道底部受到向下的垂向侵蚀,而其顶部以一个向上的同样大小的垂向速率发生侵蚀。进入管道的流量计算公式如下:

$$Q_b = A[2g(H - H_p)/(1 + fL/D)]^{0.5} \qquad (3.2-15)$$

式中:Q_b 为通过管涌通道的流量,m^3/s;A 为溃口的横断面面积,m^2;g 为重力加速度,m/s^2;H_p 为中心线高程,m;$(H - H_p)$ 为溃口静态水头,m;L 为管涌通道长度,m;D 为管涌通道直径或宽度,m;f 为摩擦因子,由下式确定。

$$f = 64/N_R \quad N_R < 2\,000 \qquad (3.2-16)$$

$$f = 0.105\left(\frac{D_{50}}{D}\right)^{0.167} \quad N_R \geqslant 2\,000 \qquad (3.2-17)$$

$$N_R = 83\,333 Q_b D/A \qquad (3.2-18)$$

式中,N_R 为雷诺数,D_{50} 为平均粒径尺寸,mm。

3.2.3.2 溃口宽度

确定溃口宽度的方法是 BREACH 模型的重要组成部分。在 BREACH 模型中,溃口宽度受到两个机理的动态控制。第一个机理,假设初始溃口为矩形,水流冲刷的泥沙输运公式采用 Smart 所修正过的公式进行运算。溃口的宽度 B_0 受到下式的控制:

$$B_0 = B_r y \qquad (3.2-19)$$

式中,B_r 为基于最合适河渠水力有效作用的一个因子。对于漫顶破坏,参数 B_r 值设置为 2.0;对于管涌破坏,参数 B_r 值设置为 1.0。

控制溃口宽度的第二个机理来自土体边坡角的稳定性。溃口宽度同时需要考虑溃口处两边土体的边坡角幅度的稳定性。其函数表达如下式:

$$H'_k = \frac{4C\cos\phi\sin\theta'_{k-1}}{\gamma[1-\cos(\theta'_{k-1}-\phi)]} \quad k=1,2,3 \quad (3.2\text{-}20)$$

式中，H'_k 为溃口处两边土体边坡角幅度的稳定性；C 为凝聚力，kPa；γ 为土体单位重度，g/cm³；ϕ 为内摩擦角，°；k 代表图 3.2-4 中所示的 1～3 种连续崩塌状态的情形；θ 为溃口侧边在水平向形成的角，θ 和 α 由下式决定：

$$\theta = \theta'_{k-1} \qquad\qquad H_k \leqslant H'_k \qquad (3.2\text{-}21)$$

$$\theta = \theta'_k \qquad\qquad H_k > H'_k \qquad (3.2\text{-}22)$$

$$B_0 = B_r y \qquad\qquad k=1 \qquad (3.2\text{-}23)$$

$$B_0 = B_{cm} y \qquad\qquad k>1 \qquad (3.2\text{-}24)$$

$$B_{cm} = B_r y_1 \qquad\qquad \text{当} H_1 = H' \qquad (3.2\text{-}25)$$

$$\alpha = 0.5\pi - \theta \qquad\qquad\qquad (3.2\text{-}26)$$

$$\theta'_0 = 0.5\pi \qquad\qquad\qquad (3.2\text{-}27)$$

$$\theta'_k = (\theta'_{k-1} + \phi)/2 \qquad k=1,2,3 \qquad (3.2\text{-}28)$$

$$H_k = H'_c - y/3 \qquad\qquad\qquad (3.2\text{-}29)$$

当 $H_k > H'_k$ 时，下标 k 从 1 开始递增。在公式(3.2-29)中，H'_c 减去 $y/3$，可得溃口切割的实际自由面深度，在溃口切割中还需要考虑到与溃口两侧边的稳定性有关的水体浮力的支撑影响。通过这个机理，虽然在水流减退期间，溃口水流深度 y 会减小，但是在通过溃口的峰值出流量出现之后，溃口可能会加宽扩大。

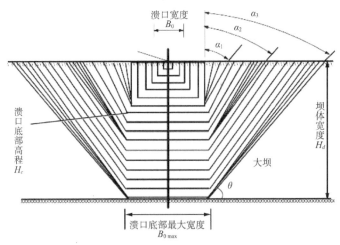

图 3.2-4　溃口形状次序的大坝前视图

3.2.3.3　水库水位的确定

用 BREACH 模型模拟应用质量守恒定律来计算入库流量 Q_i、溢洪道出流量 Q_{sp}、堰顶漫流 Q_0、溃口出流量 Q_b 和由水库蓄水特征值的影响所引起的水库水面高程 H 的变化。一个时间步长 Δt（单位 h）期间的质量守恒表达式如下：

$$\overline{Q}_i - (\overline{Q}_b + \overline{Q}_{sp} + \overline{Q}_0) = S_a = \frac{\Delta H}{3\ 600\Delta t} \tag{3.2-30}$$

式中，ΔH 为时间步长 Δt 期间水位高程的变化值；S_a 为高程 H 处的水面面积。上划线表示时间步长期间的水流流量平均值。水库水位高程变化值的表达形式如下：

$$\Delta H = \frac{0.082\ 6\Delta t}{S_a}[\overline{Q}_i - (\overline{Q}_b + \overline{Q}_{sp} + \overline{Q}_0)] \tag{3.2-31}$$

某一时刻时间 t 处的水库水位高程 H 表达式如下：

$$H = H' + \Delta H \tag{3.2-32}$$

式中，H' 为时间 $(t - \Delta t)$ 时的水库水位高程，m。入库流量 $\overline{Q}_i$ 值由给定的入流量 Q_i 与时间 T_i 决定。溃口流量 Q_b 从管涌水流流量的公式（3.2-15）中计算得到。当溃口水流为围堰类型时，在 $H_c = H_u$ 时应用公式（3.2-10）；当在 $H_c < H_u$ 时，应用宽顶堰公式如下：

$$Q_h = 3B_0(H - H_c)^{1.5} + 2\tan(\alpha)(H - H_c)^{2.5} \tag{3.2-33}$$

式中，B_0 由公式（3.2-19）给定，α 由公式（3.2-26）给定。

3.2.3.4　泥沙运输速率

在 BREACH 模型中，溃口受到侵蚀的速率取决于被侵蚀材料的流动水流的能力。应用 Smart 所修正过的陡峭河渠 Meyer-Peter 和 Muller 泥沙输运关系式，公式如下：

$$Q_s = 3.64(D_{90}/D_{30})^{0.2}P\frac{D^{2/3}}{n}S^{1.1}(DS - \Omega) \tag{3.2-34}$$

$$\Omega = 0.005\ 4\tau_c D_{50} \quad （无黏性土） \tag{3.2-35}$$

$$\Omega = \frac{b'}{62.4}(PI)^{c'} \quad （黏性土） \tag{3.2-36}$$

$$\tau_0 = a'\tau'_c \tag{3.2-37}$$

$$a' = \cos\theta(1. - 1.54\tan\theta) \tag{3.2-38}$$

$$\theta = \tan^{-1}S \tag{3.2-39}$$

$$\tau'_c = 0.122/R^{0.970} \quad R < 3 \tag{3.2-40}$$

$$\tau'_c = 0.056/R^{0.2663} \leqslant R \leqslant 10 \tag{3.2-41}$$

$$\tau'_c = 0.0205/R^{0.173} \quad R > 10 \tag{3.2-42}$$

$$S = \frac{1}{ZD} \tag{3.2-43}$$

$$R* = 1\,524D_{50}(DS)^{0.5} \tag{3.2-44}$$

式中，Q_s 为泥沙输运速率，m^3/s；D_{30}、D_{50}、D_{90} 为粉细层含量占总重量 30、50 和 90% 的颗粒粒径，mm；Ω 是与泥沙输运速率相关的无量纲参数；D 为水流的水力深度，m；S 为大坝下游坡面的坡比；τ'_c 为屈服无量纲临界剪切应力；PI 为黏性土的塑性指数；b' 和 c' 为经验系数，其范围分别为：$0.003 \leqslant b' \leqslant 0.019$ 和 $0.58 \leqslant c' \leqslant 0.84$；$\theta$ 表示坡度角；R 表示雷诺数。

3.2.3.5　BREACH 模型计算方法

BREACH 模型的计算次序是迭代的，进入溃口的水流速率取决于溃口的底部高程及其宽度，而溃口属性特征取决于溃口的尺寸和流量。运用迭代方法可以说明流量、侵蚀和溃口属性的相互依赖性。在开始迭代计算时，需估算一个侵蚀深度增量 $\Delta H'_c$ 代入求解。此估算值可从前期计算侵蚀深度增量中进行外部插值获得。BREACH 模型计算方法如下：

（1）时间递增：$t = t' + \Delta t$。

（2）应用估算的 $\Delta H'_c$ 计算 H_c：$H_c = H'_c - \Delta H'_c$。

（3）计算水库水位高程：$H = H' + \Delta H'$，式中 $\Delta H'$ 是一个基于前期变化值进行外部插值得到的水库水位高程的估算增量变化值，H' 为时间 t' 时的水库水位高程。

（4）计算与高程 H 有关的流量 $\bar{Q}_{sp}$、$\bar{Q}_i$、$\bar{Q}_o$。

（5）应用前面计算出的溃口流量 Q_b 来计算公式(3.2-22)中的 ΔH。

（6）计算水库水位高程：$H = H' + \Delta H$。

（7）应用公式(3.2-10)、公式(3.2-15)计算溃口流量 Q_b。

（8）校正下游淹没区的溃口流量：

$$Q_b = S_b Q_b \qquad (3.2\text{-}45)$$

$$S_b = 1.0 - 2.78 \left(\frac{Y_t - H_c}{H - H_c} - 0.67 \right)^3 \qquad (3.2\text{-}46)$$

式中，Y_t 为总出流量所引起的尾水深度 $Q_b + Q_{sp} + Q_o$，可从从尾水横断面曼宁公式中计算获得。

（9）应用公式(3.2-23)至(3.2-26)计算溃口数值；应用公式(3.2-34)计算泥沙输运速率 Q_s。

（10）计算 ΔH_c 如下：$\Delta H_c = 3\,600 \Delta t Q_s / [P_o L (1 - P_{or})]$，式中 L 为溃口河渠的长度；P_{or} 为溃口材料的孔隙比；P_o 为溃口的总周长；$P_o = B_o + 2(H_u - H_c)/\cos\alpha$。

（11）用估算值 $\Delta H'_c$ 计算 ΔH_c。若 $(\Delta H'_c - \Delta H_c)/\Delta H < E$，式中，$E$ 为以百分数表示的容许误差（模型中的输入数值，范围为 $0.1 \sim 1.0$），可考虑获得 ΔH_c 的解和相关的出流量 Q_b、Q_s、Q_o；如果不满足上不等式，那么步骤(2)将返回到最近的计算值 ΔH_c 取代 $\Delta H'_c$；这个循环重复直到计算结果得到收敛为止，通常迭代 1 或 2 次。

（12）外插 ΔH_c 和 $\Delta H'_c$ 的估算值。

（13）如果 t 小于给定的计算周期 t_c，那么返回步骤(1)。

（14）绘出出流量水位过程线图，包括在每个时间步长处所计算出的总流量 $(Q_b + Q_s + Q_o)$。

3.2.3.6　模型输入与输出参数

BREACH 模型输入参数主要包括库水位变化值、大坝宽高值、大坝几何相关尺寸、水力相关参数和材料内外属性值等。BREACH 模型输入参数绝对位置见表 3.2-1。

输入文件运行后，即可得相关输出文件，文件中含有坝体溃决的各类相关参数以及大坝溃口流量过程曲线。输出文件参数包括：①时间过程下的溃口流量；②溃口参数（溃口顶部宽度、溃口底部高程、溃口底部宽度、溃口最终深度等）。

表 3.2-1　BREACH 输入参数

行数	参数							
1	HI:正常蓄水位	HU:坝顶高程	HL:坝底高程	HPI:管涌处高程	HSP:溢洪道顶高程	PI:塑性指标	CA:临界剪切强度系数	CB:临界强度系数
2	QIN(I):入库流量,I从1到8							
3	TIN(I):入库流量对应时间							
4	RSA(I):水域面积,I从1到8							
5	HSA(I):水域面积对应高程							
6	HSTW(I):尾水断面高程,I从1到8							
7	BSTW(I):尾水断面顶宽,I从1到8							
8	CMTW(I):尾水断面顶宽对应的曼宁系数 n							
9	ZU:上游坡比	ZD:下游坡比	ZC:心墙上下游坡比	GL:草被长度	GS:草被质量	VMP:过草流量	SWDCON:溃决水流最大泥沙含量	
10	D_{50}C:心墙 D_{50} 粒径	PORC:心墙孔隙比	UWC:心墙单位重度	CNC:心墙曼宁系数	AFRC:心墙内摩擦角	COHC:心墙黏结强度	UNFCC:心墙中 D_{90} 与 D_{30} 的比率	
11	D_{50}S:D_{50} 粒径	PORS:孔隙比	UWS:单位重度	CNS:曼宁系数	AFRS:内摩擦角		UNFS:黏结强度	
12	BR:漫顶=2,管涌=1	WC:坝顶宽度	CRL:坝顶长度	SM:下游河道坡比	D_{50}DF:下游坡面 D_{50} 粒径	UNFCDF:下游 D_{90} 与 D_{30} 的比率	BMX:溃口最大底宽	BTMX:溃口最大顶宽
13	DTH:步长	DBG:输出控制参数	H:溃口初始深度	TEH:模拟周期	ERR:容许误差	FPT:步长间隔	TPR:步长处于 DBG≥0.0001 的输出,到 TPR 为止	
14	SPQ(I):溢洪道流量							
15	SPH(I):溢洪道流量相关水头							

注:以上参数都是其在输入文件中的绝对位置。

3.3　洪水演进数值模拟

3.3.1　模型介绍及基本原理

目前国内外已经对溃口洪水下泄演进过程分析进行了大量的研究,形成了较为成熟的方法和模型。主要方法有经验公式法、近似分析法、数学物理模型法、数值模拟模型法以及应用 GIS 技术或 RS 技术进行模拟分析的方法。

经验公式法是基于水文学的方法,是用实测资料反算出数学模型中的参数,从而实现洪水演进的计算,因为溃坝洪水较天然洪水而言,流量、流速更大,运用水文学方法不能准确进行描述。近似分析法是对洪水向下游演进过程做出不同的假定,以简化计算公式,减少计算量,用笔算便可得出简化的近似结果,对于将会造成严重灾害的溃坝洪水演进计算而言,近似分析法在计算前提下不够严谨,同样不适合应用。

数学物理模型法和数值模拟模型法是基于水力学原理,运用计算机实现数值运算,计算量大且结果更为准确。进行溃坝洪水演进计算需要得出更加精确且合理的模拟结果,因此,优先选择数学物理模型法和数值模拟模型法进行分析计算。

目前已经有多种成熟的软件可进行非恒定流的模拟,针对水库大坝下泄洪水演进数值模拟,如美国陆军工程兵团(USACE)开发的一套二维和一维水动力学模拟软件 HEC-RAS 模型,主要用于河流、河道和水库等水体的水流模拟和分析;丹麦 DHI 公司开发的综合水文水资源和水环境模拟软件 MIKE,其中包括 MIKE 21 和 MIKE 3 模型,分别用于二维和三维的水动力学模拟。MIKE 常被用于洪水模拟、波浪模拟、河流和河口水动力学模拟等研究领域;澳大利亚 WBM 公司开发了一套二维水动力学数值模拟软件 TUFLOW,它采用有限元方法和非结构化网格技术,用于模拟洪水、潮汐、海浪、河流和城市排水系统的水流动态等。

这些数值模拟模型都具有计算精度高、模拟范围广、可模拟复杂情况等特点。它们都基于基本的水动力学原理和数值计算方法,通过离散化、迭代求解来模拟洪水演进过程。这种数值模拟方法能够考虑复杂的地形、河道形态以及水力条件,提供详细的水位、流速和流量分布等结果,被广泛用于洪水模拟、防洪工程设计和水文学研究等领域。本书选取丹麦水力研究所开发的 MIKE 模型演示如何进行溃坝洪水模拟计算。

3.3.2   基于 MIKE 21 的溃坝洪水演进模拟研究

采用 MIKE 21 建立二维水动力学模型,并对假定的水库大坝溃决洪水演进进行模拟研究。MIKE 21 可用于模拟河流、湖泊、河口、海湾、海岸及海洋的水流、波浪、泥沙及环境,为工程应用、水库管理及规划提供了完备、有效的设计环境。MIKE 21 具备以下优点[133]:

① 用户界面友好,属于集成的 Windows 图形界面。

② 具有多种计算网格、模块及许可选择。

③ 具有强大的前、后处理功能。在前处理方面,能根据地形资料进行网格的划分;在后处理方面具有强大的分析功能,如流场动态演示及动画制作、计算断面流量、实测与计算过程的验证、不同方案的比较等。

④ 可以进行热启动,当用户因各种原因需暂时中断 MIKE 21 模型时,只要在上次计算时设置热启动文件,再次开始计算时,将热启动文件调入便可继续计算,极大地方便了计算时间有限制的用户。

⑤ 能进行干、湿节点和干、湿单元的设置,能较方便地进行滩地水流的模拟。

⑥ 可设置多种控制性结构,如桥墩、堰、闸、涵洞等。

⑦ 可定义多种类型的水边界条件,如流量、水位或流速等。

⑧ 可广泛地应用于二维水动力学现象的研究,如潮汐、水流、风暴潮、传热、盐流、水质、波浪紊动、船运、泥沙侵蚀、输移和沉积等,被推荐为河流、湖泊、河口和海岸水流的二维仿真模拟工具。

对于水库大坝,MIKE 21 二维水动力学模型主要用于模拟水库大坝突发洪水演进、计算洪水淹没范围与洪水到达时间。由于水库下游地形条件复杂,行洪路径较多,易受干支流洪水的共同影响,因此二维水动力学模型的地形要素和模型边界设置尤为重要。二维水动力学模型计算需要的最基本的资料是研究区域的地形,另外包括区内降雨等,模型的计算结果包括水位、水深、流速等要素。

3.3.2.1   MIKE 21 控制方程

在二维溃坝洪水模拟中,由于洪水波的影响范围广泛,其淹没影响范围(水平方向尺度)远大于淹没水深(垂直方向尺度),水力参数在垂直方向的变化比水平方向的变化要小得多,而水压力分布也近似静水压强分布,即具有典型的二维浅水波特征,因此可用二维浅水方程来进行二维洪水数值模拟。

MIKE 21 采用基于非结构网格有限体积法的二维浅水波模型来进行洪水数值模拟。模型的原理是求解流体运动的基本方程,根据地形、地物特点,将模拟范围划分为不规则的三角形网格,以这些网格为基本单位,利用有限体积法进行数值计算就可以求出洪水在各运动时刻的流速、流向和水深。

在计算时要考虑网格的各种内部条件。作为内部条件考虑的因素有高程、糙率、网格范围内的房屋密度、是否有河道等。对于城区内的小河道、排水管网及其他影响内涝积水的工程设施,可采用分类的方法对方程采取不同的简化格式,以提高计算的精度。对区域内的堤防、公路、铁路等,在模型中作为特殊通道,考虑其对水流的影响作用。此外,模型还可以通过更新相应的数据来反映防洪排涝工程及基础设施工程的变化。具体做法为:假定为铅垂方向,该方向主要受重力和压力作用,为水平面,此时忽略水平面上的黏性,将三维的 Navier-Stokes 方程沿着水深方向积分,可得到沿水深平均的平面二维流动的基本方程,即二维非恒定流浅水方程。

MIKE 21 模型建立在二维非恒定流浅水方程的基础上,其基本方程如下。

连续方程:

$$\frac{\partial h}{\partial t}+\frac{\partial (hp)}{\partial x}+\frac{\partial (hq)}{\partial y}=hS \tag{3.3-1}$$

x 方向动量方程:

$$\frac{\partial p}{\partial t}+\frac{\partial}{\partial x}\left(\frac{p^2}{h}\right)+\frac{\partial}{\partial y}\left(\frac{pq}{h}\right)+gh\frac{\partial \zeta}{\partial x}+\frac{gp\sqrt{p^2+q^2}}{C^2h^2}-\frac{1}{\rho_\omega}$$
$$\left[\frac{\partial}{\partial x}(h\tau_{xx})+\frac{\partial}{\partial y}(h\tau_{xy})\right]-\Omega q-f'VV_x+\frac{h}{\rho_\omega}\frac{\partial}{\partial x}(p_a)=S_{ix} \tag{3.3-2}$$

y 方向动量方程:

$$\frac{\partial q}{\partial t}+\frac{\partial}{\partial y}\left(\frac{q^2}{h}\right)+\frac{\partial}{\partial x}\left(\frac{pq}{h}\right)+gh\frac{\partial \zeta}{\partial y}+\frac{gp\sqrt{p^2+q^2}}{C^2h^2}-\frac{1}{\rho_\omega}$$
$$\left[\frac{\partial}{\partial y}(h\tau_{yy})+\frac{\partial}{\partial x}(h\tau_{xy})\right]-\Omega q-f'VV_y+\frac{h}{\rho_\omega}\frac{\partial}{\partial y}(p_a)=S_{iy} \tag{3.3-3}$$

式中：h 为水位，m；p、q 分别为 x、y（即东、北）方向的流速分量，m^3/s；f' 为柯氏力系数；C 为谢才系数；t 为时间，s；g 为重力加速度，m/s^2。

3.3.2.2   MIKE 21 计算参数

构建 MIKE 21 二维水动力模型需要的基础数据主要包括：

（1）地形数据。地形数据主要是指计算范围内的地形、地貌，这些数据可以是 DEM、电子海图、CAD 图等，但都需要前期处理才能应用于 MIKE 21 中。本书采用 DEM 数据，通过 ArcGIS 生成初始地形文件（ * . xyz）。

（2）工程建筑物参数。工程建筑物参数是指计算范围内的水库大坝基本尺寸、闸门尺寸、溢洪道尺寸、涵洞管道尺寸、道路桥梁尺寸。

（3）水文数据。水文数据包括降雨数据、上下游边界数据（流量、水位）。

（4）糙率。糙率是一个对结果影响比较大的参数，如果没有实测糙率，则需要根据历史水文数据，对结果进行率定，进而确定糙率。

（5）其他。主要包括波浪、风以及潮位等数据资料。

3.3.2.3   MIKE 21 二维水动力模型建模

MIKE 21 二维水动力模型建模主要步骤如下：

（1）准备地形数据、水文数据等，确定计算范围。

（2）使用 Mesh Generator 生成 mesh 文件。

mesh 文件由 MIKE ZERO 建立：

① 打开 Mesh Generator，新建 * . mdf 文件。

② 选择投影空间，UTM＝（180＋经度）/6（如有余数加 1）。

③ 导入水陆边界。打开 Data—Import Boundary 选项卡，选择 x，y and connectivity，导入 ArcGIS 处理的水陆边界文件。

④ 建立网格。打开 Mesh—Generate Mesh 选项卡，对网格最大面积（Maximun Element Area）、最小允许角度（Smallest Allowable Angle）、最大节点数（Maximum Number of Nodes）调试设定参数，生成三角形网格。

⑤ 导入水深散点。打开 Data—Manage Scatter Data，导入 ArcGIS 处理的数字化地形文件（ * . xyz）。

⑥ 网格插值。打开 Mesh—Interpolation 选项卡，直接运算插值，生成 * . mesh 文件。网格划分、网格差值、mesh 文件见图 3.3-1。

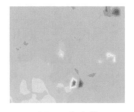

|（a）网格划分|（b）网格插值|（c）mesh 文件|

图 3.3-1　网格要素示意图

（3）建立时间序列文件用作边界条件。

模型主要考虑溃坝洪水作为洪源，将其概化为溃口流量点，通过 BREACH 溃坝模型模拟水库溃口流量过程。时间序列文件由 MIKE ZERO 建立：

① 新建 *.dfs0 文件。

② 选择 Blank Time Series，在 File Properties 对话框中设定模型计算的时间步长、起止时间节点、文件名。

③ 导入 BREACH 溃坝模型模拟的水库溃口流量。dfs0 时间序列文件示意图见图 3.3-2。

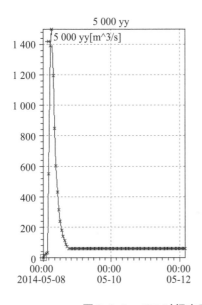

	Time	1:5 000 yy [m^3/s]
0	00:00:00	0
1	1:00:00	20
2	2:00:00	27
3	3:00:00	30
4	4:00:00	551
5	5:00:00	1 392
6	6:00:00	1 500
7	7:00:00	1 195
8	8:00:00	849
9	9:00:00	602
10	10:00:00	429
11	11:00:00	317
12	12:00:00	238
13	13:00:00	181
14	14:00:00	140
15	15:00:00	110
16	16:00:00	88

图 3.3-2　dfs0 时间序列文件示意图

（4）在 MIKE 21 中选择 Flow Model(FM)生成模拟文件，计算得出溃坝洪水演进过程模拟结果。

模拟文件由 MIKE 21 FM 建立：

① 打开 Flow Model FM，新建 *.m21fm 文件。

② 导入 *.mesh 文件。打开 Domain—Mesh and Bathymetry 选项卡，在 Mesh file 中导入 *.mesh 文件。

③ 设置时间参数。参照时间序列文件 *.dfs0，键入时间步长、起止时间。

④ 计算模块选择。打开 Module Selection 选项，共有 7 个计算模块：Hydrodynamic 水动力模块、Transport 对流扩散模块、Inland Flooding 内陆洪水模块、ECO Lab/Oilspill 水质生态/溢油模块、Mud Transport 黏性泥沙模块、Particle Tracking 粒子追踪模块和 Sand Transport 非黏性泥沙模块，本书选择 Hydrodynamic 水动力模块。

⑤ 水动力模块参数设定。将已有预数据键入水动力模块（Hydrodynamic）中，并设定输出文件。

⑥ 运行计算得到 MIKE 21 模型计算结果 *.dfsu 文件。*.dfsu 文件是对溃坝洪水演进过程模拟结果的汇总，可以按照时间步长，逐步分析溃坝洪水演进情况。Flow Model 模拟文件示意图见图 3.3-3。

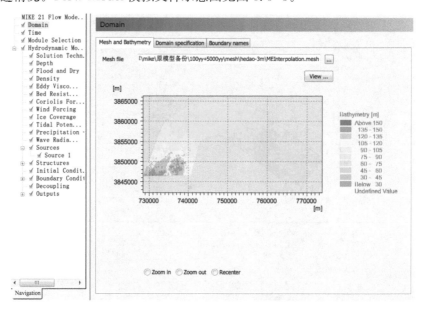

图 3.3-3　Flow Model 模拟文件示意图

3.3.2.4 模型嵌套分析

基于水库大坝的相关参数,通过 BREACH 模型计算获得溃口流量过程与溃口形态变化,将计算所得结果导入 MIKE 21 模型中作为洪源要素,模型嵌套流程见图 3.3-4。本书嵌套分析的计算次序是迭代的,进入溃口的水流取决于溃口的底部高程及其宽度,而溃口属性特征取决于溃口的尺寸和流量。BREACH 初次计算出溃口流量与溃口尺寸,作为洪源数据导入 MIKE 21 中模拟运行,提取 mesh 文件中溃口所在网格淹没水深并计算得出洪水历时下的溃口流量,若此流量与 BREACH 计算所得溃口流量差值小于 0.5 m^3/s 时,即满足精度要求,所得结果可输出后处理;若差值大于 0.5 m^3/s 时,需将溃口流量与初次计算溃口尺寸迭代至 BREACH 模型中再次模拟运行,直至所得结果满足精度要求。

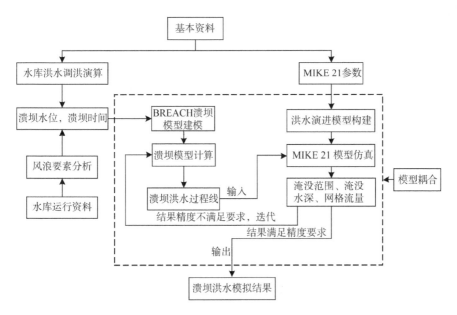

图 3.3-4 模型嵌套流程图

3.4 溃坝洪水影响分析

3.4.1 洪水淹没统计分析

洪水淹没统计分析是针对洪水发生后的淹没情况进行的统计学分析方法。

它主要通过收集和整理历史洪水事件中的淹没数据,对洪水淹没范围、淹没水深以及淹没持续时间等指标进行分析和描述。

在洪水淹没统计分析中,首先需要收集洪水事件发生期间的实测淹没数据,包括淹没范围的空间分布、最大淹没水深以及淹没时间等。这些数据可以通过洪水灾害调查、遥感影像分析、水文测量资料等多种途径获取。接下来,利用收集到的淹没数据,可以进行各种统计分析。例如,可以计算出洪水淹没范围的平均值、最大值和最小值,以及淹没水深的平均值、最大值和最小值。这些统计结果能够描述洪水淹没情况的整体特征和变化范围。此外,通过对洪水淹没数据进行统计分析,还可以得出一些与洪水淹没相关的统计指标,如洪水淹没的频率、概率和重现期等。利用这些统计指标,可以评估洪水淹没的潜在风险,为洪水防治和灾害管理提供科学依据。

洪水淹没统计分析在洪水灾害研究和防灾减灾工作中具有重要意义。它可以帮助我们更好地理解洪水的淹没过程和特征,为洪水风险评估、防洪规划和灾后恢复提供依据。同时,通过了解洪水淹没的统计分析结果,可以加强社会公众对洪水风险的认识,提高自我保护意识和应对能力。

3.4.2　风险人口避洪转移

防洪避险转移是指根据不同洪水灾害情况,充分利用现有交通路网、防洪设施,制定行之有效的应急策略,优化应急转移管理方案,进一步提高区域对洪水灾害的应变能力,从而减少洪水灾害所造成的人员伤亡和财产损失。这一过程涉及以下详细步骤。

(1)风险评估和优先级确定。根据淹没范围统计分析的结果、相关的洪水模拟数据、地形和人口分布信息,对风险地区和受威胁人口进行风险评估。通过评估淹没范围、水深、流速、疏散路径等因素,确定风险程度和优先级,即确定哪些区域和人口面临更高的风险。

(2)预警和信息发布。基于风险评估结果,相关部门和机构向风险地区和受威胁人口发布预警信息,提供必要的应急指导和安全建议,以便他们采取相应的行动和保护措施。预警信息可以通过各种途径传达,例如短信、电话、广播、电视和社交媒体等。

(3)转移计划和路线规划。根据淹没范围统计分析的结果,制订风险人口避洪转移计划,明确转移的目标地区和转移时间。在制订转移计划的过程中,需要考虑安全避难点的选择、转移路线的规划和可行性分析,以确保转移行动的效率和安全性。

(4)转移组织和资源准备。成立专门的转移组织和团队,负责组织和指导风险人口的转移行动。该团队应具备紧急救援和应急管理的专业知识,并与相关机构和部门合作,确保所需的人员、交通工具、住所、食品和紧急医疗救护等资源的准备和调配。

(5)转移行动和避难安置。根据转移计划和路线规划,组织风险人口进行转移行动,并将他们安置到设立的避难场所或指定的安全区域。其间,需确保转移过程中的安全监管、交通疏导和紧急救援等措施,确保人员的安全。

(6)监测和评估。在转移行动完成后,对避洪转移的效果进行监测和评估。此外,根据转移行动的经验教训,总结经验并提出改进建议,以进一步完善风险人口避洪转移的准备和实施策略,增强未来洪灾应对的能力。

当水库发生溃坝事故后,采取应急调度和应急抢险措施仍无法阻止事态发展时,为保障人民群众生命安全和适当减少财产损失,应对下游风险人口实施应急避洪转移。这项工作需要跨部门的协调合作和应急管理的专业知识,确保转移行动的迅速响应、组织有序和高效执行,通过有效的风险人口避洪转移措施,可最大限度地保护受洪水威胁人口的生命和财产安全,人员应急转移命令下达和实施流程见图3.4-1。

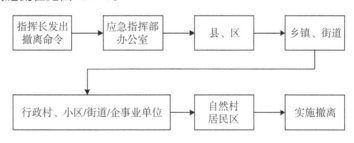

图 3.4-1　人员应急转移命令下达和实施流程图

3.4.3　避洪转移分析流程

避洪转移分析是在洪水影响分析的基础上,以转移预案为指导,根据特定频率/场次洪水的淹没范围、水深和到达时间等风险信息,通过对受淹居民所在地位置、人口数量、设施、道路和安置区域等信息的综合分析。避洪转移分析结果可指导相关机构或群众,在遭遇洪涝淹没风险的情景下,将洪水淹没风险区域内的相关人员、物资以最快方式疏散到安全区域。

洪水风险图中的避洪转移图是指明确表示危险区、转移单元、安置区,以及转移路线、方向等信息的地图。避险转移编制流程见图3.4-2。

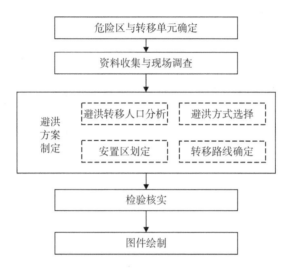

图3.4-2 避洪转移编制流程图

从避洪转移的编制流程可看出,水库大坝溃决突发事件的首要工作是确定避洪转移区域,在通过资料收集与现场调研的基础上,制定避洪转移方案。而避洪转移方案主要内容包括安置区的划定、撤退时间的模拟、转移路线的规划。

3.4.3.1 避洪转移区域的划定

在数学中,一族平面直线(或曲线)的"包络"是指一条与这族直线(或曲线)中任意一条都相切的曲线。假设这族平面曲线记为$F(t,x,y)$,这里不同的t对应着曲线族中不同的曲线,则包络线上的每一点均满足下面公式,当公式中消去t后,便可得出包络线的隐式表示:

$$F(t,x,y)=\frac{\partial F}{\partial t}(t,x,y)=0 \tag{3.4-1}$$

类似地可以定义空间中一族平面(或曲面)的包络,空间上的包络即参考要素范围的外包范围或内包范围。本书中的空间包络定义为溃坝洪水模拟演进的洪水最大淹没范围与历史洪水最大淹没范围的空间包络的外包范围。基于此外包范围,可确定避洪转移区域与转移单元。溃坝洪水模拟的最大淹没范围与历史洪水最大淹没范围的空间包络有以下四种组合情况。

(1)包络重合。该情况详细描述为:溃坝洪水模拟的最大淹没范围与历史洪水最大淹没范围重合,所需外包范围即二者重合范围,见图 3.4-3,图中红色曲线表示溃坝洪水模拟的最大淹没范围,黑色曲线表示历史洪水最大淹没范围,绿色直线表示大坝。在图 3.4-3 中,红色曲线、黑色曲线二者重合,黑色曲线与大坝围合内的区域是包络重合情况的外包范围,该区域即避洪转移区域。

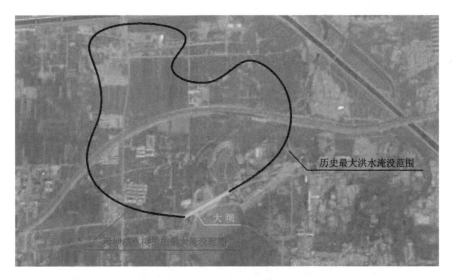

图 3.4-3　包络重合图

(2)正包络。定义溃坝洪水模拟的最大淹没范围为正范围,历史洪水最大淹没范围为负范围。正包络可详细描述为:溃坝洪水模拟的最大淹没范围大于历史洪水最大淹没范围,即正范围大于负范围,形成正包络。该情况所需外包范围即溃坝洪水模拟的最大淹没范围,见图 3.4-4,图中红色曲线与大坝围合内的区域是交叉包络情况的外包范围。

(3)反包络。反包络可详细描述为:溃坝洪水模拟的最大淹没范围小于历史洪水最大淹没范围,即正范围小于负范围,形成反包络。该情况所需外包范围即历史洪水最大淹没范围,见图 3.4-5,图中黑色曲线与大坝围合内的区域是交叉包络情况的外包范围。

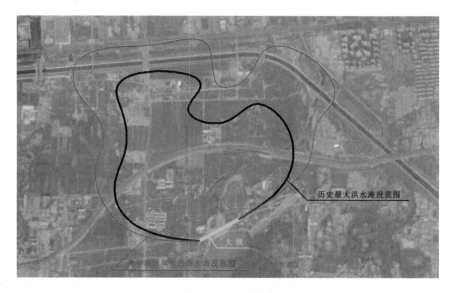

图 3.4-4   正包络图

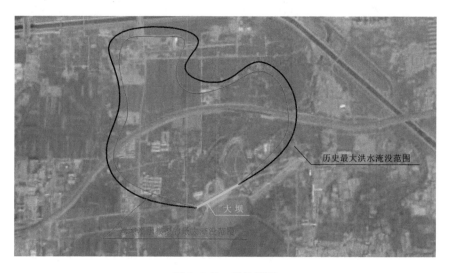

图 3.4-5   反包络图

（4）交叉包络。该情况可详细描述为：溃坝洪水模拟的最大淹没范围与历史洪水最大淹没范围交叉重叠，所需外包范围即二者交叉的最大范围，见图 3.4-6，蓝色曲线是溃坝洪水模拟的最大淹没范围与历史洪水最大淹没范围交叉重叠的最大范围曲线，图中蓝色曲线与大坝围合内的区域是交叉包络情况的外包范围。

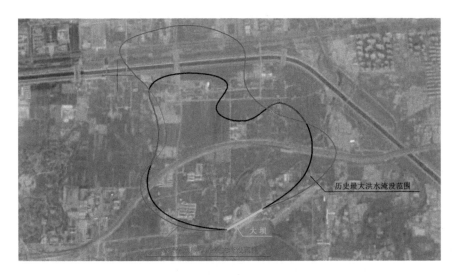

图 3.4-6 交叉包络图

在划定的外包范围内的自然村、企事业单位、学校等即需要进行避洪转移区域内的转移单元。

3.4.3.2 安置点的划定

应急避难安置点是溃坝灾害发生后,撤离人员的撤离目的地,是保障人员安全的最终屏障。应急避难安置点的选择需要考虑避难的方式、撤离人口的数量、安置区域的场地类型等因素。

(1)避难方式

对于溃坝突发事件而言,撤离人员避难的对象是溃坝洪水,其避难方式可以分为就地安置与转移安置两种。

① 同时满足水深<1.0 m、流速<0.5 m/s,且具有可容纳该区域人口的安全场所和设施的,可采取就地安置方式进行避洪。

② 不满足上述条件的区域,可采取转移安置方式进行避洪。如区域面积较大、溃坝洪水前锋演进时间超过 24 h,按洪水前锋到达时间<12 h、12~24 h 和>24 h 三个区间划定分批撤离分区。

(2)安置区域的场地类型

按照场地类型,安置点可以分为以下三类:①最底层海拔较高的建筑物;②最低处海拔较高的空地;③与陆地相连的自然高地。

若安置区域没有安置点可供撤离人员使用时,需建设一些特殊用途的建筑物或将现有的建筑物进行改造作为安置点。安置点的设计应该是多用途的,以便最大限度地发挥它的效益。参照这样的要求,可以将避洪转移区域附近的现有建筑物和安置点的功能相互结合进行改造,例如,学校、市场、医疗中心等。

(3)应急避难安置点选择原则

应急避难安置点的选择应遵循如下基本原则:

① 应急避难安置点要避开溃坝洪水淹没区域,并应尽量避开地基岩土质量较差的地区(如冻土、膨胀性岩土、流塑性淤泥、地下采空堆填土等)、活动断裂及滑坡、崩塌、泥石流多发的高危地区等地段。

② 应急避难安置点应尽量避开地震带、易燃易爆化工厂等地区,避免可能因上述情况引发其他灾害的发生。

③ 应急避难安置点的设置应该根据避洪转移区域人口分布和区域划分,在人员密集的地区应该设置较多的安置点或面积较大的安置点,保证撤离人员能够全部及时安全地转移。

④ 选择应急避难安置点时,应考虑到道路的畅通性。选择撤离人员能够较为容易到达的区域,撤离到达时间不宜过长。同时还要保证不同安置点之间具有良好的道路通行能力,保证撤离人员因超过安置点容纳上限、救援物资分配不均、传染性疾病暴发等原因的再次转移。

3.4.3.3 撤离路线的选择

最佳撤离路线选择是基于 GIS 网络分析模块,结合模拟的溃坝撤离时间与计算路径,寻找避洪转移区域内转移单元与安置点的最佳撤离路径。

最佳撤离路线是寻找网络中从一点到另一点之间效益最佳的撤离路径,是撤退过程动态模拟的基础,通常包括最短距离、经济距离和时间最短距离三种不同意义的最佳路径。

(1)最短距离是指实际的地理距离最小的撤离路线;

(2)经济距离是指撤退过程中需要的交通运输成本最低的撤离路线;

(3)时间最短距离是需要撤离时间最短的路径。

对于溃坝灾害情况下的人员撤离,充足的时间保证意味着应急撤离的效果越好,人民群众生命财产安全也会有保证。由于我国乡村道路情况不如城镇地区,并且车辆的拥有量较低,在大规模撤退时,乡村的撤离方式以步行为主。本研究中,假定居住在农村的居民以步行为主要撤离方式,城镇居民以车行为主要撤离方式。

对于以步行为撤离方式的农村居民来说,其撤离速度不受道路状况的影响,始终保持相同的撤离速度,因此其用时最短的撤离路线等同于实际地理距离最小的路线,即最短距离;对于以车行为撤离方式的城镇居民来说,其最佳撤离路线是用时最短的路线,即时间最短距离。

按照上述溃坝洪水影响的分析,结合所有溃坝洪水演进计算结果,叠加所有可能遭受洪水灾害的区域范围,并根据当地建筑信息等,可选取医院、学校以及交通便利的大型空地作为避洪转移安置点,据此绘制溃坝避洪转移路线图,以下为以某水库溃坝为例绘制的人口避洪转移方向图,见图3.4-7。

图例

| ＊地级市 | ● 街道、乡镇 | —— 高速 | —— 县道 | —— 转移方向 |
| ◎ 区、县 | --- 铁路 | —— 省道 | —— 县界 | ▨ 水系 |

0 2.5 5　10　15　20 km

图 3.4-7　某水库下游风险人口避洪转移方向图

3.5　洪水风险图编制方法

洪水风险图是一系列图的总称,集中反映了研究区域可能发生的洪水成因、洪水量级、洪水特性以及应急对策等风险信息分布特征。它通过预测可能发生的超标准洪水的演进路线、到达时间、淹没水深、淹没范围以及流速大小等过程特征,标识了洪泛区内各处受洪水灾害威胁的危险程度。

　　洪水风险图在洪水风险管理实践中发挥着重要作用,它是提高防洪减灾能力、避免人民群众生命财产损失的重要举措。洪水风险图的编制不仅是我国治水新思路的实践,也是建立洪水风险管理制度和开展洪水风险管理的重要基础支撑之一。因此,在国内外的防洪减灾工作中,洪水风险图的编制已经成为重要的非工程类措施之一。

　　为更好地标示洪水淹没区内灾害严重程度及分析洪水演进过程产生的致灾后果,编制包含洪水淹没范围、到达时间、水深、行洪路线、流速等要素的洪水风险图。洪水风险图的绘制需根据水利部发布的《洪水风险图编制导则》(SL 483—2017),针对洪水风险图绘制的基本要求,并结合一些先进技术手段来完成。

　　洪水风险图是溃坝应急预案中的关键点,依据洪水风险图可制定防洪应急方案,给出避洪转移路线,提前布置抢险措施,实现快速应急响应,为溃坝应急智能化模拟提供矢量数据服务,从而提高应急决策的科学性,进而最大限度地降低溃坝损失。

3.5.1　洪水风险图的作用

　　洪水风险图是对洪水风险进行定量分析的综合性成果。具体而言,洪水风险的定量分析包括以下三个方面的内容。

　　1. 洪水事件的性质和量级。这一方面详细讨论洪水的成因以及其最高水位、最大流量和洪水总量等方面的特征。通过对洪水事件性质和量级的分析,可以更好地理解洪水的可能影响范围和强度。

　　2. 洪水事件的可能性。这一方面通常指超过某一特定量级洪水发生的频率或重现期,或者是水库大坝溃决的概率。通过对洪水事件可能性的评估,可以预测洪水的出现概率,进而为洪水风险管理提供指导。

　　3. 洪水事件可能造成的损害。这一方面主要涵盖洪水事件可能导致的淹没范围、洪灾经济损失以及人员伤亡等多个方面。通过对洪水事件可能造成的损害进行分析,可以评估洪水对社会、经济和环境的影响程度,进而制定相应的风险管理和减灾措施。

　　洪水风险图是防洪非工程减灾措施中的一种重要方法,它融合了洪水特征信息、地理信息、社会经济信息。通过资料调查、洪水计算和风险判别,以图表形式直观反映,研究区域内发生某一频率洪水灾害下的淹没范围、水深等洪水要素,以及不同量级洪水可能造成的灾害风险及其对社会经济的损害程度。洪水风险图的作用主要体现在以下几个方面:①合理制定编制区域的土地利用规划,可避免在风险大的区域出现人口与资产过度集中的情况;②合理制定防洪应急指挥方案,避免临危出乱;③合理确定需要避洪转移的对象,给出避洪转移目的地及路线;④合理评价各项防洪措施的经济效益;⑤合理确定不同风险区域的不同防护标准;⑥合理估计洪灾损失,为防洪保险提供依据。

同时,洪水风险图的编制在溃坝应急预案的智能化中扮演着重要的角色。通过结合洪水风险图,我们可以及时了解溃坝洪水可能带来的损失,并制定相应的抢险措施和应急方案。一旦发生溃坝洪水,我们可以查阅洪水风险图,以获得关于潜在的淹没情况、水深情况以及损失情况等方面的信息。这样,在应急指挥和抢险行动中就能够凭借事实依据,提高应急决策的准确性。洪水风险图的编制确保了我们能够及时准确地应对溃坝洪水的挑战,并最大限度地降低损失。

3.5.2　洪水风险图编制流程

本书中以 MIKE 为例展示了如何编制溃坝洪水风险图。采用 MIKE 21进行洪水演进模拟分析,同时结合 ArcGIS 进行后处理以及出图工序,其中主要涉及洪水分析、避洪转移分析等步骤,具体生成流程见图 3.5-1。

(1)基础信息收集。收集调研区域的地理信息、工程信息、水文信息等资料,为洪水风险图提供基础信息。

(2)数据转化处理。通过对基础信息的分析,确定研究区域,将各种格式的地形数据、河道以及水陆边界数据通过 MIKE、ArcGIS 等工具转化为相应格式。

(3)洪水模拟。基于 BREACH 模型进行模拟,获取溃口流量及溃口发展过程,将其作为 MIKE 21 模型的初始条件进行洪水演进模拟。

(4)洪水风险要素分析。基于(3)中的洪水模拟结果,分析溃坝洪水产生的致灾后果影响,提取洪水淹没范围、流速、到达时间、水深等洪水风险指标,并以此进行避洪转移路线规划。

(5)风险图绘制。基于洪水风险要素分析结果,利用 ArcGIS 软件将洪水指标数据处理后与当地地形底图融合,并按照不同工况,完成洪水风险图(图 3.5-2)的绘制。

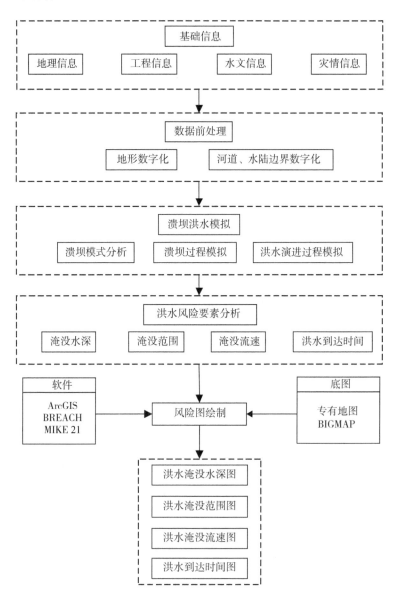

图 3.5-1　洪水风险图绘制流程

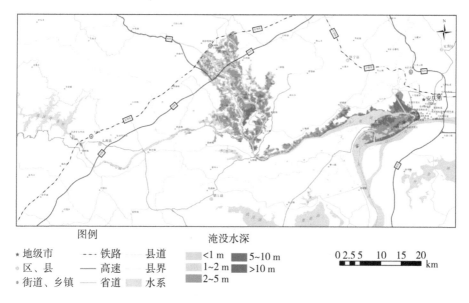

图例   淹没水深

* 地级市   --- 铁路   —— 县道   <1 m   5~10 m
○ 区、县   —— 高速   —— 县界   1~2 m   >10 m
· 街道、乡镇 —— 省道   水系   2~5 m

0 2.5 5   10   15   20
km

图 3.5-2   溃坝洪水风险实例图

4

本体相关理论与构建方法

4.1 本体理论概述

本体理论作为知识表示和语义推理的重要基础,已经成为计算机科学、人工智能和语义 Web 等领域的研究热点。本体作为一种形式化的知识表示方法,能够对实体、概念和关系进行定义与描述,从而为计算机系统的理解和推理提供语义基础。

人们总是按照自己的知识水平以及经验从主观的角度对一个事物进行理解和判别,正因为如此,对同一事物的理解也会因人而异。如图 4.1-1 所示,针对突发事件的道路图像,不同人对其有不同角度的抽象认识和看法。在救援人员眼中,道路被抽象为救援路径,其关注的是路径的拥挤情况和可通行情况;在养路工人眼中,道路主要被抽象为路面,其关注的是路面的宽度、等级等情况;在数学老师眼中,道路被抽象为线段,其关注的是线段的长度以及夹角等问题;在决策者眼中,道路被抽象为逃生路线,其关注的是逃生路线上的人员转移以及受损情况。因此,如何客观地描述和刻画一个事物,使得人们对其有一个客观的认识是一个重要的问题,而本体理论就是用于解决不同人员对客观事物认识的偏差问题。

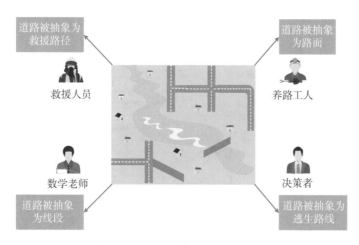

图 4.1-1   道路的不同认识视角

4.1.1   本体的定义和基本概念

本体(Ontology),通俗一点可理解为"对象",既可以是实际存在的物体,也可以是关系、规则等虚拟逻辑上的存在,起初是为了研究哲学问题而引入的,用来描述客观世界中存在的物体,现被用于人工智能、机器学习等计算机领域中,具体的关系见图 4.1-2。

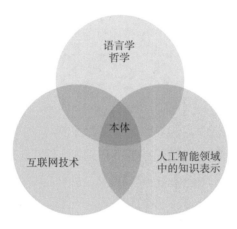

图 4.1-2　本体领域关系图

随着人工智能(AI)的兴起,本体理论在计算机领域得到广泛应用。尽管本体理论日趋成熟,但关于本体的定义一直存在着争议。随着对本体研究的进一步深入,本体概念也在不断完善,其主要的几个经典定义见表 4.1-1。

表 4.1-1　本体定义演化阶段

领域	学者	定义
哲学	—	现实存在的一个系统解释和说明
计算机	1991/Neches[134]等	由相关领域词汇的基本术语和关系,以及相关的拓展规则构成
	1993/Gruber[135]	对概念模型明确的规范说明
	1998/Studer[136]	对共享概念模型明确的形式化规范说明

结合以上学者对于本体的定义,可归纳总结出本体的四层含义:

(1)概念化:通过将现实世界中某些现象的概念抽象化,继而构建出与概念对应的模型。

(2)明确性:模型内部所构建的概念以及概念之间的关系都有明确的约束和定义。

(3)形式化:本体可对多个领域的知识进行知识建模,且模型最终被计算机所识别和操作。

（4）共享性：本体只是对某个领域内基本概念的体现，它代表整体而非个体，通过领域内基本词汇的推理获得对该领域知识的理解。

根据上述定义可知，本体就是对某领域内的原始数据进行知识抽取并整合，再对其概念、术语与概念之间的关系进行规范化描述的一种知识表示方法。常见的一些本体应用有知网、字典、目录、索引等。

另外，根据本体不同方面的属性，可对本体进行多种分类，明确不同本体类型之间的差别和关系，其中常见的是根据领域依赖程度，将本体划分为以下几个方面：

（1）顶级本体：描述现实世界的通用概念，覆盖了所有领域的概念，例如空间、时间、事件、行为等，与特定的应用无关，并不涉及某一学科的具体知识，除顶级本体外的本体都是其特例本体，也称作上位本体。

（2）领域本体：描述某一个特定领域内的概念及概念之间的关系，如生物、医学、汽车等领域。

（3）任务本体：描述指定任务或相关推理活动中概念与概念之间的关系，与领域本体同属于第二层。

（4）应用本体：描述一些特定应用，属于领域本体的下级，可引用领域本体与任务本体中的特定概念作为领域本体的细化。

以上四种本体的层次模型图如图 4.1-3 所示。

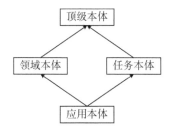

图 4.1-3　本体层次模型图

4.1.2　本体的作用和应用领域

本体作为一种知识表示和语义推理的方法，具有广泛的作用和应用领域。通过定义实体、概念和关系，本体可以为计算机系统提供语义基础，实现知识共享、智能搜索和自动推理等功能。以下是一些本体的主要作用和应用领域：

1. 知识共享与语义互操作性

本体能够将不同来源和不同领域的知识进行统一的表示和共享，实现知识的互操作性。例如，在语义 Web 中，本体被广泛应用于将不同网页上的信息整合在一起，使得计算机能够理解和推断这些信息的含义；另一个例子是在生物医学领域，本体被用来整合不同数据库中的生物信息，以促进跨领域的研究和知识发现。

2. 智能搜索与推荐系统

本体可以为搜索引擎和推荐系统提供更强大的语义理解功能，提升搜索结果的准确性和个性化推荐的效果。例如，在电子商务中，本体可以帮助用户理解查询意图，从而提供更精准的商品推荐；另一个例子是在问答系统中，本体可以用于解析用户的问题并生成准确的答案。

3. 语义匹配与数据集成

本体可以用于实现不同数据源之间的语义匹配与数据集成。在大数据时代，各种数据以不同的格式和标准存在，本体可以对不同数据进行语义匹配和关联，实现数据的交互与整合。例如，本体可将不同社交媒体平台上的用户数据进行关联，以构建更全面的用户画像和开展更精准的社交网络分析。

4. 领域建模与智能系统

本体可以用于领域建模，将特定领域的知识和规则形式化为本体模型。这有助于构建智能系统，并提高系统在该领域中的理解和推理能力。例如，在智能交通领域，本体可以描述道路、车辆、交通规则等领域知识，并帮助智能交通系统实现交通管理、路径规划等功能。

5. 智能化决策与专家系统

本体可以用于构建专家系统，将领域专家的知识转化为本体模型，并实现智能化决策支持。通过建立与领域相关的本体，专家系统可以基于本体知识进行推理和决策，为用户提供准确的建议和解决方案。例如，在医疗领域，本体可以用来描述疾病、症状、治疗方法等知识，并为医生提供诊断和治疗建议。

6. 自然语言处理与语义理解

本体可以在自然语言处理中发挥重要作用，实现对自然语言的语义理解和推理。通过将自然语言文本与本体进行关联，可以更好地理解文本中的实体、概念和关系，从而实现语义搜索、文本分类等功能。例如，本体可用于解析文档中的实体关系,辅助完成自动摘要、文档推荐等任务。

以上只是本体的一些主要作用和应用领域的举例,实际上,本体的应用领域非常广泛,涵盖了各个领域的知识表示和语义推理功能。随着技术的不断发展和创新,可预见本体在人工智能、语义 Web、智能搜索等领域中的应用将得到进一步拓展,为实现更智能化的计算机系统提供强大的支持。

4.1.3 本体的发展历程和研究趋势

本体作为一种知识表示和语义推理的方法,经历了多年的发展,同时也面临着不断变化的研究趋势。在过去的几十年中,本体研究从最初的概念形成到应用拓展,取得了显著的进展。

1. 本体发展历程

早期的本体研究集中在本体的基本概念和表示语言的探索上。这个阶段着重于确定实体、概念、属性和关系等基本元素,并开发了 RDF、OWL 等本体表示语言。这些表示语言提供了一种形式化的方法,使得本体可以被计算机系统处理和推理。

随着本体理论的成熟,研究关注点转移到本体推理和语义推理机制上。研究者们提出了一系列本体推理算法和方法,如基于规则的推理、基于逻辑的推理和基于机器学习的推理等。这些推理算法为计算机系统的智能化和语义理解提供了支持。

随着本体理论实践范围的扩大,研究者们将本体应用于各个领域,如医疗、地理、金融等。本体在这些领域中发挥了重要作用,推动了知识共享、智能搜索和决策支持等方面的进展。

2. 研究趋势

目前,本体研究面临着一些新的挑战和研究趋势。首先,随着大数据技术的快速发展,需要解决本体在大规模数据集上的可扩展性和效率问题。研究者们正在探索基于分布式计算和并行处理的方法,以加速本体的推理和处理。

其次,本体与机器学习的结合是当前的研究热点之一。传统的本体构建和维护需要人工参与,而机器学习可以自动从数据中学习本体的结构和知识。研究者们正在探索如何利用机器学习技术来辅助本体的构建和更新。

再次,跨语言和多模态的本体表示也是研究的重要方向。在多语言和多模态环境下,本体需要对不同语言和不同媒体的信息进行统一的表示与推理。研究者们正在研究如何扩展本体表示语言和推理机制,以支持多语言和多模态环境下的知识表示与推理。

最后,本体与其他人工智能技术的集成也是当前的研究趋势之一。本体与自然语言处理、机器学习、知识图谱等技术的结合,可以进一步提升计算机系统的智能化和语义理解能力。

总体而言,本体的发展历程呈现出从基本概念到表示语言和标准化,再到本体推理和应用拓展的趋势。未来的研究将聚焦于可扩展性、机器学习集成、多语言多模态等方面。研究者们致力于解决大规模数据集上本体的处理效率和可扩展性问题,探索基于分布式计算和并行处理的方法。此外,研究者们也在探索如何将机器学习与本体相结合,以实现自动化的本体构建和更新。跨语言和多模态的本体表示也是当前研究的重点之一,研究者们致力于扩展本体表示语言和推理机制,以应对多语言和多模态环境下的挑战。这些研究趋势将推动本体在知识表示、语义推理和智能系统领域的进一步发展,并为构建更智能的计算机系统提供强大的支持。

4.1.4　本体的建模元语

本体的建模同计算机领域的建模一样,有着特定的约束与运算法则,这些约束与规则即本体建模元语,也被称为本体的要素[137]。一般而言,本体的建模元语,用于描述事物的内在联系、基本特征和演化规律,主要包含的内容见图4.1-4。

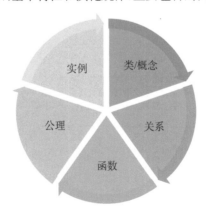

图4.1-4　本体元语言

（1）类/概念

其用于描述某一个领域中的实际概念，也可以是现实中已经存在的事物或一些抽象的概念，例如大学、历史人物等。

（2）关系

其用于描述类（概念）之间的关系，概念之间存在着各种关系，一般主要关注那些具有普遍性的关系，本体中主要的关系见表 4.1-2。

表 4.1-2　基本关系种类

关系	含义解释
Part-of	局部和整体之间的关系
Kind-of	概念之间父类与子类的关系
Instance-of	类中加入实例，类与实例之间的关系
Attribute-of	属性关系

（3）函数

函数描述的是一种特殊的关系，即关系中的前 $n-1$ 个元素可以唯一确定第 n 个元素。一般来说，函数采用 $F:C_1 \times C_2 \times \cdots \times C_{n-1} \rightarrow C_n$ 的形式表示，如 Mother of 就是一个函数，Mother of(x,y) 表示 y 是 x 的"母亲"，即 x 确定 y。

（4）公理

公理代表本体内存在的事实，对本体中类或关系进行约束，如概念 B 属于概念 A 的范围。

（5）实例

实例代表本体中的基本元素，从语义角度上分析就是对象，多个对象组成的集合就是概念。

4.2　本体建模方法

本体建模方法是指为了构建本体而采用的具体方法和技术。在本体建模过程中，需要对实体、概念、属性和关系进行合理的定义与组织，以及选择适当的本体表示语言和推理机制。目前越来越多的领域开始进行本体的应用研究，但其中大部分本体模型的构建还是采取手动方式，而且在不同领域建立本体模型的方法也会有许多不同点,因此本体模型的构建是一项比较精细的工程。

4.2.1　领域建模和本体建模的关系

领域建模和本体建模是两个相关但不同的概念,它们在知识表示和语义理解方面发挥着不同的作用。领域建模是指对特定领域的知识和现象进行建模与描述,以便更好地理解和分析该领域中的事物。本体建模则是一种用于构建形式化的知识表示的方法,用于存储和推理领域知识。

领域建模旨在深入了解特定领域的概念、关系和规则,通常以概念图、类图或流程图等形式来表示。领域建模关注的是对现实世界中的实体、过程和关系进行抽象与建模,以便于说明和描绘领域的特性与行为。领域模型可以帮助人们更好地理解和分析领域的问题,并为解决方案的设计和实施提供指导。而本体建模是在领域建模的基础上进行的一种形式化的知识表示方法。它将领域中的实体、概念、属性和关系用本体语言进行定义与组织,建立起一个形式化的知识表示框架。本体建模的目标是构建一个通用和标准化的知识表示模型,以便于计算机系统理解和推理领域知识。

领域建模和本体建模之间存在着相互关系与互补性。领域建模提供了对特定领域的深入理解和描述,为本体建模提供了基础和素材。本体建模则将领域建模中的知识转化为形式化的本体表示,使得该领域的知识能够在计算机系统中进行推理和应用。

举例来说,假设我们要对医学领域进行建模。我们需要先进行领域建模,深入研究医学领域的各个方面,如疾病、症状、治疗方法等,并将其表示为概念、实体和关系的形式。然后,基于领域建模的结果,我们可以进行本体建模,使用本体表示语言(如 OWL)定义医学领域的概念、属性和关系,并建立起一个医学领域的本体模型。

在这个例子中,领域建模提供了对医学领域知识的深入理解和描述,而本体建模将领域知识转化为形式化的本体表示,使得计算机系统可以基于本体进行知识推理和应用。通过领域建模和本体建模的结合,我们可以构建一个具有深度和专业性的医学领域知识体系,为医学研究、临床决策和医疗服务提供有力的支持。

总的来说,领域建模和本体建模是相互关联且相互促进的。领域建模为本体建模提供了基础和素材,而本体建模使得领域知识得以形式化和计算机化。

这两个方法的结合可以提高知识表示和语义推理的准确性与效率,并为解决领域问题提供深度和专业性的支持。

4.2.2 本体开发方法

目前,越来越多的领域在进行本体的应用研究,但是大部分还是采用手工编辑方式,而且不同领域构建本体模型的方法也会有许多不同点,因此本体的构建是一项比较精细的工程。虽然各种构建方法使用起来会有差异,但是它们本身都需要遵循由 Gruber 提出的 5 项基本原则:

(1) 明确性和客观性;

(2) 完整性;

(3) 一致性;

(4) 最大单调可扩展性;

(5) 最小承诺。

当前一些主要的本体构建方法有 IDEF5 法、骨架法、TOVE 法、Methontology 法、循环获取法和七步法等,简单分析对比如下:

1. IDEF5 法

IDEF 的概念最早被提出是在 20 世纪 70 年代,它主要以结构化分析方法作为根本,后再经过许多学者的改进,不断发展成为一系列的方法。在 1981 年美国空军公布的一体化计算机辅助制造(Integrated Computer Aided Manufacturing,ICAM)工程中首次用了名为"IDEF"的方法。IDEF5 出自美国 KBSI 公司,它主要使用该方法来对企业本体进行获取和描述。IDEF5 通过使用图表语言和细化说明语言,获取客观存在的概念、属性和关系,并将它们形式化为本体,其使用的具体步骤如下:

(1) 确定所要研究领域的内容和目的;

(2) 收集数据,将研究领域内的相关信息与数据进行处理,形成本体构建的原始术语;

(3) 数据处理,对原始术语进行分析,并把这些术语抽象为本体内的知识概念;

(4) 本体模型构建,在前面的基础上构建初始的本体模型;

(5) 优化本体模型,验证本体模型的一致性。

2. 骨架法

该方法主要用于商业企业领域,是这一领域中概念和术语的合集,由 Mike Uschold & King 设计开发,也称为 Enterprise 法。这种方法没有指出具体的建模内容,只是给出了本体构建的主要过程。其过程可分为以下几个步骤:

(1)明确本体的应用和范围;

(2)构建本体,收集数据以获取本体术语,采用本体编码集成一个完整的初始本体;

(3)本体评价,根据使用环境以及软件等多方面进行优化,判断本体一致性以及是否满足本体的构建标准;

(4)本体文档化,将开发中的本体概念、逻辑结构以及相关内容保存为文档的形式。

骨架法结构图如图 4.2-1 所示。

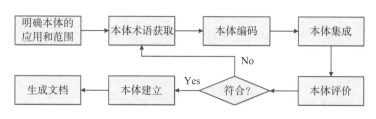

图 4.2-1　骨架法结构图

3. TOVE 法

TOVE 法是由加拿大多伦多大学的企业集成实验室依据其开展的基于商业领域的本体建模开发所提出的一种方法。该方法具备完整的评估本体,能提供共享的概念术语,能依据相关公理实现一些简单知识的自我推理,并给出本体概念的可视化图。利用 TOVE 法进行本体建模的主要过程如图 4.2-2 所示。

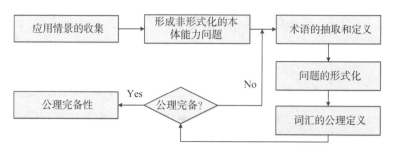

图 4.2-2　TOVE 法结构图

4. Methontology 法

Methontology 方法是由西班牙马德里理工大学 AI 实验室提出的，最早是为了构建化学本体模型而开发的。后来随着技术的发展，其也被用于更多其他的领域本体建模中。它的核心分为本体的开发流程和本体的生命周期两个，并使用不同的技术支持，这种方法的开发思想更为接近工程开发思想。其建模过程主要分为三个步骤，即计划阶段、开发阶段和维护阶段，结构图如图 4.2-3 所示。

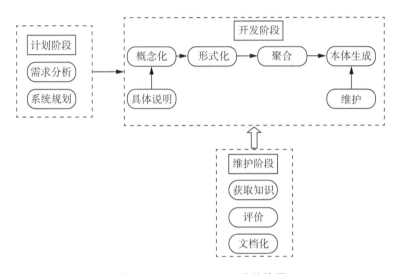

图 4.2-3　Methontology 法结构图

5. 循环获取法

循环获取法主要是基于文本的领域本体建模，这种方法可以迭代循环并进行自我演进，其结构是由资源获取、概念学习、领域集中、关系学习以及本体评价五个方面构成的一个环状的本体模型，如图 4.2-4 所示。具体的步骤为：首先对所要建模的领域进行数据库相关文档的抽离，从已选文本中提炼概念构建它们之间的逻辑关系；其次，筛选出只与领域有关的知识，再完善学习其他未从本体中继承的关系；最后对本体进行优化评价。

6. 七步法

七步法的成熟度较高，被广泛用于领域本体的建模，其主要步骤如下：

（1）明确本体领域的内容和其应用范围；

（2）借鉴已有本体，参考其有用的地方，看是否能复用；

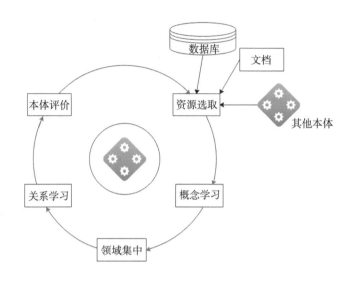

图 4.2-4　循环获取法结构图

（3）归纳所建本体内的主要概念以及术语；

（4）确定类之间的结构关系并对其进行定义；

（5）定义概念的相关对象和数据的属性，并确定属性之间的约束和限制；

（6）根据已有信息进行本体构建的实例化；

（7）本体评价。

除以上方法外，还有许多其他的本体构建方法，如 KACTUS 法、SENSUS 法等。本体的不同构建方法其适用条件也有所区别，不同构建方法的对比分析见表 4.2-1。

表 4.2-1　构建方法对比

方法	构建方式	自我演进	生命周期	成熟度	应用环境	相关技术
IDEF5 法	手动	不能	无	中	企业	不完整
七步法	半自动	不能	非真正	高	医学	有
TOVE 法	手动	不能	非真正	低	企业	未知
Methontology 法	手动	不能	有	最高	化学	不完整
循环获取法	半自动	能	有	中	多领域	有
骨架法	手动	不能	非真正	低	企业	未知

通过表 4.2-1 的比较分析,可以得出以下结论:每种方法都在特定的应用领域中有其独特的优势。但由于不同领域具有不同的知识概念,这些方法的适用性和通用性较低。此外,只有很少一部分方法具有本体演进的能力,并能够支持本体的循环迭代。因此,在进行特定领域的本体建模时,并不依赖于单一方法,而是将几种方法相结合,以适合本体领域特点和需求。

4.2.3　本体描述语言

本体的描述语言通过将现实领域内的概念及概念之间的关系进行形式化描述,实现知识之间的"交流"共享与复用,起到搭建人与计算机之间交流的桥梁的作用。根据本体构建要求,本体的描述语言应能充分完整地表达知识的含义,其表述的方式需简单易懂,而且这种语言还要能进行有效的推理。

现有的本体描述语言按照其表现形式可以分为基于谓词逻辑的本体语言、基于图的本体语言以及基于 Web 的本体语言三大类。本书中所用建模语言均采用 2004 年由万维网联盟(W3C)推荐的 Web 语言标准,这是一种广泛使用的专供表达网络本体信息结构化的本体语言。基于 Web 的本体语言,先后经历了RDF、OIL、DAML、DAML+OIL、OWL 的演变过程,见图 4.2-5。由于 OWL 语言比其他语言具有更好的推理和描述能力,现如今大部分领域都采用这种语言进行本体建模。

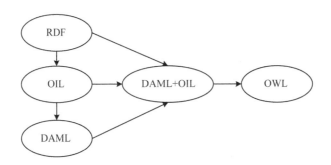

图 4.2-5　本体描述语言的演变过程图

选择 OWL 描述溃坝应急预案领域本体,除上述原因外,主要还有以下几点:①OWL 支持领域内知识的推理工作,能对领域内大量知识进行完整清晰的表达,其表达能力和推理系统能够很好地满足领域的需求;②应用广泛,其理论基础夯实；③能很好地进行本体中类、属性等的构建，采用面向对象的方式描述。

4.2.4　本体构建工具

本体的开发是一项十分精细、庞大的工程，为了构建更加准确的本体模型，通常需要"工具"来帮助完成。本体的构建需要运用专门的工具，但是不同的领域可能需要不同的工具去进行本体建模。然而，不同的工具是基于不同的本体表示语言设计的，其能力和扩展性也大不相同，功能越强大的建模工具就越可以加快本体的构建速度，也会提高本体的质量。而目前的本体构建工具主要分为两类：半自动化构建工具以及可视化手工构建工具。

目前尚未出现本体自动化构建工具，只存在半自动化构建工具，如基于 Java 语言的 Jena。虽然 Jena 极大地提高了本体构建的效率，但是它并没有实现本体的完全自动化构建。如今大部分领域使用的都是可视化的手工构建工具，最为主要的有斯坦福大学设计开发的 Protégé、曼彻斯特大学计算机科学系信息管理组开发的基于 OIL 的图形化本体编辑工具 OILEd、卡尔斯鲁厄理工学院开发的支持用图形化的方法实现本体开发和管理的工程环境工具 OntoEdit、英国开放大学知识媒体研究所开发的 WebOnto、马德里理工大学开发的 WebODE 等，这类工具通常为用户提供可视化界面，用户可以通过简单的操作来完成本体的构建。本书选用目前使用比较广泛的工具 Protégé 进行溃坝应急预案本体建模。

Protégé 提供了本体概念（类）、关系、属性和实例的构建，并且屏蔽了具体的本体描述语言，用户只需在概念层次上进行领域本体模型的构建。Protégé 使用 Java 和 Open Source 作为操作平台，可用于编制本体和知识库（Knowledge Base），Protégé 可以根据使用者的需要进行定制，通过定制用户的界面以更好地适应新语言的使用；Protégé 可自行设置数据输入模式，用户可以将 Protégé 的内部表示转制成多种形式的文本表示格式，如 XML、RDF(S)、OIL、DAML、DAML＋OIL、OWL 等系统语言。Protégé 本身没有嵌入推理工具，不能实现推理，但它具有很强的可扩展性，可以插入插件来扩展一些特殊的功能，如推理、提问、XML 转换等。Protégé 提供可扩展的独立平台环境，用于构建和编辑本体以及知识库。Protégé 开放源码，支持多重继承，提供本体建设的基本功能，而且它采用图形化界面，界面风格与 OIlEd 一样，都与 Windows 操作系统的风格一致,模块划分清晰,其编辑界面见图 4.2-6。另外,Protégé 主要用于类模拟、实例编辑、模型处理以及模型交换,用户使用 Protégé 不需要掌握具体的本体表示语言,Protégé 是用户比较容易学习、使用的本体开发工具。

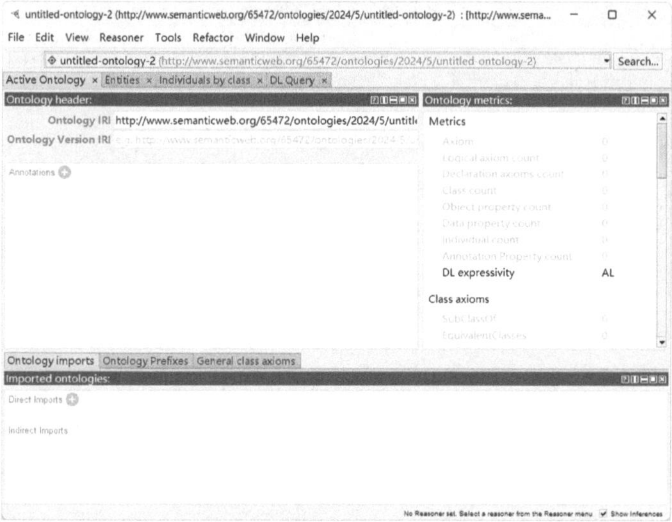

图 4.2-6 Protégé 界面图

Protégé 是一种自由开源的工具软件,用于构建本体模型与基于知识的本体化应用程序。Protégé 提供了大量的知识模型架构与动作,用于创建、可视化、操纵各种表现形式的本体。用户可以通过 Protégé 的定制功能获得与领域相关的支持,用于创建知识模型并填充数据。Protégé 可以通过两种方式进行扩展:插件和基于 Java 的 API。相比于其他的本体构建工具,Protégé 最大的好处在于支持中文,在插件上,用 Graphviz 可实现中文关系的显示。

Protégé 经常使用的选项卡有:Classes(类)、Object Properties(对象属性)、OWLViz(类关系层次图)、OntoGraf(树状关系图)。

(1) Classes(类)

建立本体主要在 Entities 这个 Tab 的界面下完成,一个最简单的本体需要完成类和对象属性的定义。Classes(类)是个体的集合,Thing 类是表示所有个体的集合的类,Classes 面板可以创建本体中的类,Annotations 面板是对所创建类的注释,Description 面板是一些关于类的描述,类的建立面板见图 4.2-7。从图中可以看出，Thing 类是表示所有个体的集合的类。因此，所有类都是 Thing 的子类。Description 面板其实相当于是对已有的类加一些限制，比如，对于某一个实例来说，它要么是 PizzaBase，要么是 PizzaTopping，这样就可以设置"Disjoint with"的关系，说明这两个集合是不相交的。而其中还有许多别的限制条件，如"Equivalent classes""Anonymous Ancestor""Disjoint classes"等关系，通过分析各类之间的关系来对其进行描述限制，保证类的严谨性，接着通过增加子类的操作来完善本体的框架，建立更加科学、完整的类。

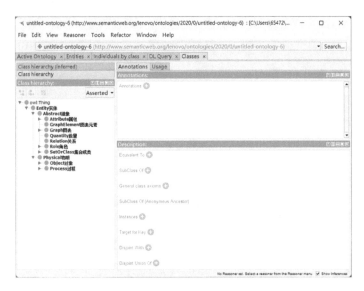

图 4.2-7 类的建立面板

（2）Object Property（对象属性）

在本体中主要有两种属性：对象属性（Object Property）和数据属性（Data Property）。和类的界面类似，Object Property 的界面见图 4.2-8，其主要模块为：Characteristic、Description。

Top Object Property 是所有属性的起点，添加的属性都在其之下，对象属性的名字不能重复。对象属性的命名，第一个单词一般用 is 和 has，如 hasIngredient，并且在定义对象属性时，需要定义属性之间的互逆关系。Characteristic 模块用来定义对象属性的特性。例如，Functional，函数性，具体来说就是某个实例有且只有一个；Symmetric，对称性，表示两个个体对称关系；等等。

Description 模块中的主要定义如下：Domains，域，用来定义域或类型；Ranges，值域，在 Protégé 中，是允许对象属性拥有多个值域的。

图 4.2-8　Object Properties 面板

（3）OWLViz（类关系层次图）

类关系层次图在打开前需要先确定是否已经安装 Graphviz 插件，只有安装了该插件才能有 OWLViz 按钮，OWLViz 面板见图 4.2-9。图中，Asserted hierarchy 表示手动建立的类层次；Inferred hierarchy 表示推理后的类层次关系。

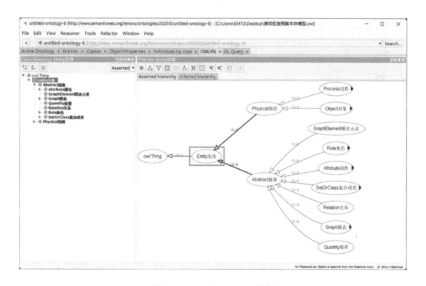

图 4.2-9　OWLViz 面板

（4）OntoGraf（树状关系图）

OntoGraf（树状关系图）是本体模型的直观展示，可以用来进行本体的检测、修改、查询，OntoGraf 面板见图 4.2-10。

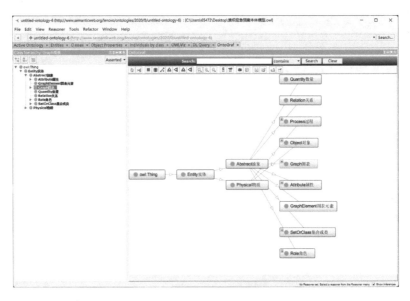

图 4.2-10　OntoGraf 面板

本书选取目前使用比较广泛的本体开发工具 Protégé 进行溃坝应急预案本体建模，这款软件的代码是开源的，编辑界面采用图形化的形式，软件本身具有很强的扩展性，不仅能够满足本体中基本概念（类），关系等的创建需求，还能通过插件扩展实现提问、推理、中文显示等其他功能，能够实现溃坝应急预案领域方面的本体建模工作。

5

溃坝应急预案本体
模型构建

传统的溃坝应急预案主要是以纸质文档形式存在，其构建也主要依赖经验和专家知识，缺乏系统性和科学性。随着信息技术的发展和知识图谱的应用，本体模型成为构建溃坝应急预案的新方法。本体模型是一种用于描述领域知识的形式化表示方法，可以将各种知识元素进行结构化和关联，从而实现知识的共享和推理。通过构建溃坝应急预案本体模型，可以将各种相关知识整合起来，形成一个完整的知识体系，为应急预案的制定和执行提供科学依据。溃坝应急预案的构建需要考虑多个因素。首先是对溃坝事件的深入研究和分析，包括溃坝原因、溃坝后果等方面的内容；其次是对应急救援资源的评估和调配，包括人力、物资、设备等方面的资源；最后是应急响应机制和组织体系的建立，包括指挥系统、通信系统、联动机制等方面的安排。在构建溃坝应急预案本体模型时，需要考虑预案的灵活性和可操作性。预案应能够根据不同的溃坝情况进行调整和优化，以提高应急救援的效率和效果。同时，在预案的执行过程中需要有明确的指导和监督机制，以确保预案的有效实施。总之，溃坝应急预案的构建是为了应对溃坝事件，保障人民群众的生命财产安全，为溃坝应急智能化奠定基础。

5.1 溃坝应急预案本体模型构建思路及要点

5.1.1 模型构建目的及流程设计

溃坝应急预案本体模型的构建主要有两个目的：一是实现溃坝应急预案形式化转变，梳理领域核心概念及概念之间的关系，促进领域人员与系统开发人员之间的沟通和协作，为系统整体开发提供逻辑框架；二是构建面向应急预案管理的本体库，再结合复杂的推理规则，形成系统知识所需的知识库，其中主要包含了预案实施过程中的大量知识、规则和经验，为溃坝应急智能化提供领域知识的支持。

本书根据领域本体的特征进行本体模型构建，融合七步法与骨架法，对溃坝应急预案内的相关概念进行规范化处理，见图5.1-1。基于本体的知识构建流程，主要包含以下4个步骤。

（1）确定研究领域。本模型所要描述的领域可定义为"溃坝应急预案"，构建的溃坝应急预案本体模型所涉及的概念、概念层次关系、属性、约束、实例等来自《中华人民共和国突发事件应对法》《国家突发公共事件总体应急预案》和

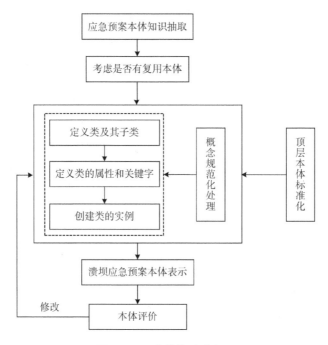

图 5.1-1 本体构建流程图

《水库大坝安全管理应急预案编制导则》(SL/Z 720—2015)等相关法律法规及技术标准。

（2）领域术语的确定。完整的本体模型必须具有相关领域内完整、准确的术语,溃坝应急预案内的主要术语是从相关法律、法规和技术标准中提取的,如"突发事件级别""应急响应""应急组织""应急救援""事件分类"等专业术语。

（3）定义类及其子类。类是本体基本的组成部分,代表某一概念集合。通过编辑工具将具有同一属性的名词集合在一起形成类,然后逐层往下具体化,位于最顶端的类是所有类的父类,其下级又由许多子类组成。例如,物质属于父类,其子类有过程和对象。

（4）构建实例。从相关资料、文献中总结出相关信息,将领域内的术语、知识相互连接,得到一个本体模型中的实例,使用编辑工具将实例具体为"溃坝应急预案",进一步细化该领域,完成模型构建工作。

5.1.2　模型层次结构

本体的构建方法主要分为 3 种:①自上而下,先定义最顶端的类,再往下具体地扩展定义;②自下而上,自最底层的类开始定义,再往上总结、拓展;③混合法,混合前两种方法,先确定本体层次中核心的类,然后以其为发散点,不断向两边拓展细化。由于混合法综合了自上而下和自下而上方法各自的优点,且不需要按照一个方向扩展,因此本书选择混合法,构建具有丰富概念的溃坝应急预案本体模型。

本书所构建的本体模型严格按照 1993 年斯坦福大学的 Gruber 博士提出的 5 项基本原则。

(1)明确性和客观性。所构建本体模型中的概念必须高度明确,不能存在多层含义,而且本体模型构建中的知识形式化描述需高度抽象并客观。

(2)完整性。本体中的所有概念需比较完整地表达所要描述领域内的相关术语。

(3)一致性。本体中类与类之间的关系需合理且与本体模型表达的含义一致。

(4)最大单调可扩展性。本体中类与类之间的关系是最基本的概念,后续无须修改就可在其基础上添加新的关系。

(5)最小承诺。约束公理要尽可能少,保证本体模型领域内知识的完整、清楚。

按照上述本体构建方法与原则,本书所建本体模型采用两层结构,即上位本体和领域本体。第一层为上位本体,描述溃坝应急预案领域内的通用概念,可与其他领域交互。常见的上位本体有 ABC 本体、SUMO 本体等,本书选取 SUMO 上位本体,主要是因为它具有非常好的适应性、丰富的扩展性,更加符合人类思维方式,而且技术相对成熟,规模也不大,能够更好地与其他领域相衔接并扩展。第二层为应急预案领域本体,基于上位本体对应急预案进行"知识"分析,总结相关法律、法规、条例中的概念以及概念之间的关系,从不同层次对相关关系进行形式化的描述,同时,领域本体按照其知识的表现形式又分成显性领域本体与隐性领域本体。

5.2　溃坝应急预案本体构建

5.2.1　溃坝应急预案上位本体

上位本体与具体的领域没有关系,它高度概念化了现实世界,是对客观世界的抽象理解,涵盖了所有事物的通用本体,它使完全相异的系统可以使用一个共同的领域库。上位本体的好坏直接影响着领域本体的建立,因此,在构建基于上位本体的领域本体时,应该首先考虑构建通用的上位本体。

　　基于 SUMO 的上位本体最顶层为实体类(Entity),它是一切类的父类,代表了现实世界中的所有事物,而其本身不属于任何类,在其下属有 Physical(物质)和 Abstract(抽象)两大子类,整个层次概念见图 5.2-1。

　　从图 5.2-1 中可看出,Physical(物质)主要由过程和对象两个子类构成,表示具有时间和空间属性的客观实体。而 Abstract(抽象)主要用于描述一些客观存在或者具象化的概念信息实体或思维,主要是由属性、图表、图表元素、命题、数量、关系、集合或类组成。

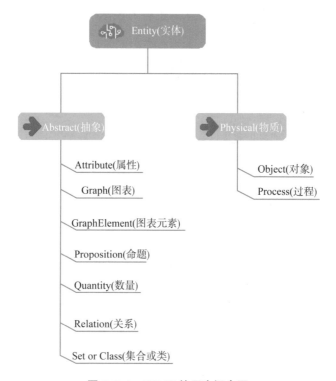

图 5.2-1　SUMO 的层次概念图

　　通过对 SUMO 本体基本结构的分析,可看出针对溃坝应急预案领域,SUMO 的框架比较简单,许多概念并没有涵盖,比如动作(Action)及其子类、角色(Role)及其子类等。因此,本书在 SUMO 本体的基础上,结合溃坝应急预案相关知识,概括出相关领域内概念与概念间的约束条件,构造出面向溃坝应急预案领域的通用本体,保证上位本体的完整性和准确性,覆盖领域内所有的概念和概念间的关系,使得构建的通用本体更加具有实用性,方便后期本体进化进行添加和修改。同时考虑到应急预案中个别类并未涉及,因此对 SUMO 上位本体进行必要的增减,删减应急预案本体构建中的无关类,如数量、关系和图表元素,以使本体模型更加精简、不冗余,更有利于系统的优化分析。

基于 SUMO 的溃坝应急预案上位本体经过细化后的层次结构如图 5.2-2 所示,抽象类的结构如图 5.2-3 所示,物质类的结构如图 5.2-4 所示。其中溃坝应急预案领域内的相关概念解释如下:

(1) Event(事件)。事件可以看成突发事件的发生及其后续演变的一个过程,它是 State Transition(状态转移)的子类,事件可以是单个也可以是由多个事件组成的。

(2) Role(角色)。角色用来表示参与者处置事件的相关组织和机构发挥的作用,它是 Abstract(抽象类)的子类。一次突发事件需要各方面的参与者,那么参与者就能以其在 Event(事件)中的角色来体现作用,而且当事件比较复杂时,其所担任的角色可能也会有很多,因此引入 Role(角色)可以灵活处理这种情况,为应急预案建模提供简便化的处理。

(3) Action(行动)。行动是 Process(过程)的子类,主要是描述组织或人员在某一个事件下做出的行动,此为应急预案的核心要素。

(4) Organization(组织)。组织是智能体的子类。组织下属有 Department(部门)、人物(Personnel),它们之间通过属性关联。

图 5.2-2　SUMO 本体结构图

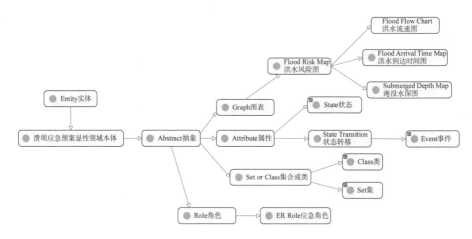

图 5.2-3 SUMO 的抽象概念树状图

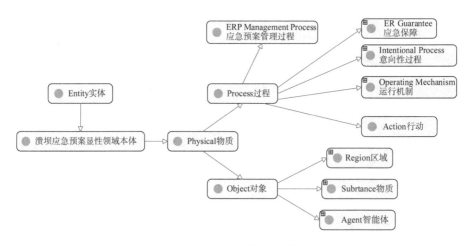

图 5.2-4 SUMO 的物质树状图

5.2.2 溃坝应急预案领域本体

1. 领域知识抽取依据

溃坝应急预案领域本体构建是在本体编辑工具下,将应急预案内相关的概念和概念之间的关系、属性进行形式化表示,最终生成涵盖溃坝应急预案知识体系的本体概念模型。其中,溃坝应急预案领域本体包含两个部分:一是显性领域本体模型,这部分领域本体主要是应急预案所直观呈现的内容,其抽取的主要依据是相关导则、法律法规和技术标准;二是隐性领域本体模型,这部分本体不做直观展示,它是预案要素信息的隐性知识表达,其抽取的主要依据是第2章溃坝应急的主观不确定性和客观不确定性,以及溃坝后果指标因素。

本体模型构建过程中,领域核心概念的抽取以及概念之间关系的梳理是主要任务,因此,首先需要对溃坝应急预案中的一些概念进行界定,其中包括以下几个方面。

(1)溃坝突发事件

溃坝突发事件是指大坝在运行过程中突然发生的,造成或可能造成下游重大灾害,需及时采取应急处置措施予以应对的大坝破坏事件。

(2)溃坝突发事件分类

溃坝突发事件一般分为洪水突发事件、地震突发事件、恐怖袭击突发事件、工程事故突发事件。

(3)溃坝突发事件分级

根据溃坝后的人员伤亡、经济损失、影响范围以及水位等因素确定溃坝突发事件等级,其具体划分标准见表 5.2-1。

表 5.2-1 溃坝突发事件分级标准

级别	等级	分级标准
Ⅰ级	特别重大	① 库水位超过或达到校核洪水位; ② 大坝出现特别重大险情,抢险十分困难,很可能造成溃坝; ③ 伤亡人数大于30; ④ 直接经济损失大于 1.0 亿元; ⑤ 社会与环境影响特别重大
Ⅱ级	重大	① 库水位超设计洪水位,但低于校核洪水位; ② 大坝出现重大险情,具备一定的抢险条件,险情基本可控; ③ 伤亡人数大于 10 且小于 30; ④ 直接经济损失大于 0.5 亿元且小于 1.0 亿元; ⑤ 社会与环境影响重大
Ⅲ级	较大	① 库水位低于设计洪水位,但超防洪高水位; ② 大坝出现严重险情,抢险条件较好,险情可控; ③ 伤亡人数大于 3 且小于 10 人; ④ 直接经济损失大于 0.1 亿元且小于 0.5 亿元; ⑤ 社会与环境影响较大

续表

级别	等级	分级标准
Ⅳ级	一般	① 库水位超汛限水位,但低于防洪高水位; ② 大坝出现一般险情,且险情可控; ③ 伤亡人数小于3; ④ 直接经济损失小于0.1亿元; ⑤ 社会与环境影响一般

（4）溃坝应急预案

溃坝应急预案是针对水库运行过程中遭遇的可能导致溃坝或危及大坝工程安全或公共安全的突发事件,为避免或减少损失而预先制定的应急处置方案。

（5）应急组织体系

应急组织体系是由各个应急机构以及各种应急抢险救援队伍等构成的一个综合体系,主要起到不同应急预案体系的衔接作用,从而高效应对突发事件,具体组织体系见图5.2-5。

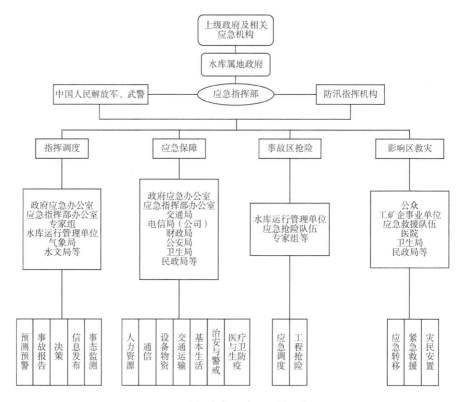

图 5.2-5　溃坝应急预案组织体系框架图

（6）预测与预警

溃坝事件一般在发生前都有前兆，因此监测设施就起着关键作用，通过水情测报、工程安全监测设施监测和人工巡视检查，识别影响水库大坝安全的风险要素，收集突发事件的类型、程度、规模、复杂性和发展态势等信息及工程的当前状态信息，实时监控突发事件的发生及发展过程。

在分析溃坝突发事件造成后果的严重程度方面，将预警级别划分为Ⅰ级（特别严重）、Ⅱ级（严重）、Ⅲ级（较重）和Ⅳ级（一般）四级，分别用红色、橙色、黄色和蓝色表示。

在对溃坝事件发展趋势的分析基础上，应向公众发布涵盖突发事件类别、起始时间、预警级别、可能淹没范围、应对措施等预警信息。其中，预警级别可根据水库大坝突发事件等级对应划分，且按照事态的发展适时调整级别和重新发布。预警信息报告流程见图5.2-6。

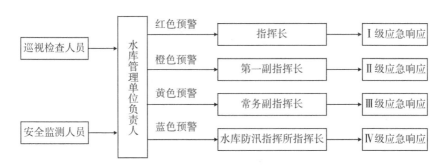

图 5.2-6　预警信息报告流程图

（7）应急响应

应急响应是应急行动的核心部分，是减轻、避免大坝事故后果的最后一道防线，其贯穿整个应急处置过程。应急响应级别是由应急指挥部门根据突发事件的预警级别确定的，预警级别以从高到低的红色、橙色、黄色和蓝色警报形式呈现。

确定突发事件预警级别后，需进一步确定不同级别应急响应的启动条件、启动程序和应急措施，各级应急响应行动的关键措施见表5.2-2。

（8）应急处置

应急指挥机构作出应急决策后，执行部门按照要求实施应急处置措施，包

表 5.2-2   各级应急响应行动的关键措施

预警级别	应急响应级别	关键措施
红色(特别严重)	Ⅰ级	① 指挥长直接启动Ⅰ级应急响应行动,并通过当地广播和电台发布应急转移命令; ② 指挥长接到应急指挥部办公室关于突发事件的报告信息后,在30 min 时间内发出启动Ⅰ级应急响应行动的命令; ③ 应急指挥部办公室接到指挥长的命令后,在 15 min 内开始运转,并将相关信息传送到相关各方,同时派人 24 h 值班并随时关注事件发展变化,做好突发事件的预测与预警工作; ④ 应急指挥机构在接到应急指挥部办公室传达的信息后 1 h 内就位; ⑤ 指挥长召开紧急会议,并在 1 h 内派专家组赶赴现场进行技术指导,其余各部门做好各自职责范围内的工作
橙色(严重)	Ⅱ级	① 指挥长直接启动Ⅱ级应急响应行动,并通过当地广播和电台发布应急转移命令; ② 指挥长接到应急指挥部办公室关于突发事件的报告信息后,在30 min 时间内发出启动Ⅱ级应急响应行动的命令; ③ 应急指挥部办公室接到指挥长的命令后,在 1 h 内开始运转,并将相关信息传送到相关各方,同时派人 24 h 值班并随时关注事件发展变化,做好突发事件的预测与预警工作; ④ 应急指挥机构在接到应急指挥部办公室传达的信息后 1.5 h 内就位; ⑤ 指挥长召开紧急会议,并在 1.5 h 内派专家组赶赴现场进行技术指导,其余各部门做好各自职责范围内的工作
黄色(较严重)	Ⅲ级	① 指挥长直接启动Ⅲ级应急响应行动,并通过当地广播和电台发布应急转移命令; ② 指挥长接到应急指挥部办公室关于突发事件的报告信息后,在30 min 时间内发出启动Ⅲ级应急响应行动的命令; ③ 应急指挥部办公室接到指挥长的命令后,在 1 h 内开始运转,并将相关信息传送到专家组,同时派人 24 h 值班并随时关注事件发展变化,做好突发事件的预测与预警工作; ④ 应急指挥机构在接到应急指挥部办公室传达的信息后 2 h 内就位; ⑤ 指挥长召开紧急会议,并在 2 h 内派专家组赶赴现场进行技术指导,其余各部门做好各自职责范围内的工作
蓝色(一般)	Ⅳ级	① 指挥长直接启动Ⅳ级应急响应行动,并通过当地广播和电台发布应急转移命令; ② 指挥长接到应急指挥部办公室关于突发事件的报告信息后,在30 min 时间内发出启动Ⅳ级应急响应行动的命令; ③ 应急指挥部办公室接到指挥长的命令后,在 1 h 内开始运转,并将相关信息传送到相关各方,同时派人 24 h 值班并随时关注事件发展变化,做好突发事件的预测与预警工作; ④ 应急指挥机构在接到应急指挥部办公室传达的信息后 2 h 内就位; ⑤ 指挥长召开紧急会议,并在 2 h 内派专家组赶赴现场进行技术指导,其余各部门做好各自职责范围内的工作

括应急调度、应急抢险、人员应急转移和安置。水库大坝突发事件的演化过程是动态的、不确定的且易突变的，甚至水库大坝突发事件系统的内部结构与灾害演化机制都有可能发生突变，致使应急处置的效果偏离预期。因此，救援人员应密切跟踪应急抢险、救援情况，并将情况适时反馈给应急指挥部门，以确保根据应急态势的变化适时调整或重新制定应急方案。

（9）应急结束

当可能导致溃坝的危险性突发事件得以终止或得到根本性控制时，应解除警报；当下游淹没区群众全部转移并妥善安置，洪水消退，可宣布应急结束。后续对应急决策与处置效果进行评估，总结经验。

（10）善后处理

应急结束后，组织专家对溃坝突发事件的起因、事故责任、发展过程、应急响应处置等问题进行调查讨论，评估本次预案的实施效果，并根据体现出来的不足之处对预案进行修改和完善。

（11）应急保障

应急保障机构应提前制订好相应的应急资源保障计划，做好抢险、电力、救援等相关保障工作，使得应急预案能够有效运行，保证应急资源快速、高效地调度与供应，提高应对突发事件的应急保障能力。

（12）宣传、培训与演练

针对水库下游区域进行相关应急知识的宣传，定期组织群众学习自救、避险等技能，提高群众风险意识，保证下游风险人口有序撤离，避免群众恐慌，保障应急预案有效实施。

开展必要培训，提高组织和人员对突发事件的认知能力，发放应急预案宣传手册，提高救援人员、群众的应急转移能力。帮助群众了解风险后果，有助于提高转移过程效率。

应急演练的目的是分析预案的不足，通过演练过程中出现的问题进行总结，根据经验不断修改、完善应急预案，使其更加符合实际情况。

（13）溃坝后果指标

水库大坝突发事件等级划分的依据是洪水淹没给下游人民群众造成生命损失、经济损失以及社会与环境影响的严重程度。人民群众生命损失的影响因素较多，存在很大的不确定性，按照目前计算标准，主要包括风险人口、警报时间、溃坝洪水严重性等几个主要影响因素。

经济损失分级标准根据各地实际经济发展状况确定,主要分为间接经济损失和直接经济损失两部分。

依据《水库大坝安全管理应急预案编制导则》(SL/2720—2015)中根据后果分级划分标准,其生命损失分级标准见表 5.2-3,社会与环境影响分级标准见表 5.2-4。

表 5.2-3 水库大坝突发事件生命损失分级标准

事件严重性(级别)	特别重大(Ⅰ级)	重大(Ⅱ级)	较大(Ⅲ级)	一般(Ⅳ级)
生命损失 L(人)	$L \geqslant 30$	$30 > L \geqslant 10$	$10 > L \geqslant 3$	$L < 3$

表 5.2-4 水库大坝突发事件社会与环境影响分级标准

社会与环境影响后果	事件严重性(级别)			
	一般(Ⅳ级)	较大(Ⅲ级)	重大(Ⅱ级)	特别重大(Ⅰ级)
风险人口	$< 10^2$	$10^2 \sim 10^4$	$10^4 \sim 10^6$	$> 10^6$
基础设施	乡镇一般性公路、输水(电)线路、油气管道及企业	市级公路、输水(电)线路、油气管道及企业	省级公路、输水(电)线路、油气管道及企业	国家级公路、输水(电)线路、军事设施、油气管道及企业
文物古迹与自然景观	一般文化与自然景观	省市级文化与自然景观	国家级文化与自然景观	世界级文化与自然景观
城镇	独户和乡村	乡镇	一般城市	省会、直辖市、计划单列市
河道形态	小型河流破坏	中型河流严重破坏	大江大河严重破坏	大江大河改道
生物与生态环境	普通生物与生态环境	国家级二、三级保护生物与生态环境	国家级一级保护生物与生态环境	世界级保护生物生态环境

2. 显性领域本体模型构建

通过对应急预案文档内容进行分析和研究,采用 Protégé 编辑工具抽取其中相关概念及各种属性约束等,从而构建显性领域本体。显性领域本体是整个概念体系的展示,用户直观了解的就是这部分,如应急预案流程、应急组织体系、应急响应等知识。构建显性领域本体模型时需要根据预案知识进行类的添加,本体中类的构建主要在 Entities 界面下的 Classes 面板完成,与此同时,还需设置类和对象属性的定义。显性领域本体模型构建中最上层为 Thing 类,它是所有类的父类,在该类的上面有 3 个按钮,分别用于添加子类、添加同类以及删除类。

先在 Thing 类下添加上位本体中的顶层类 Entity,然后在上位本体的基础上不断添加其子类,直到添加完溃坝应急预案中所有的类为止,其中溃坝应急预案显性领域本体的主要概念、属性以及关系描述如下:

(1) 工程概况是从上位本体中继承状态的子类,其包含七个子类:流域与工程概况、水情和工情监测系统概况、工程区域地质与地震情况、水库控制运用原则、上下游水利工程基本情况、工程加固情况、历史灾害。

(2) 溃坝突发事件是上位本体事件的子类,继承于 Event 类,可具体划分为洪水突发事件、地震突发事件、恐怖袭击突发事件、工程事故突发事件。

(3) 溃坝突发事件的分级属性 has Level 为 Object Properties 属性类型,其与从上位本体中所继承的级别类关联。

(4) 级别是从上位本体中继承的类别的子类,它下面有突发事件分级、预警分级、应急响应分级三个子类。

(5) 突发事件分级继承 SUMO 上位本体,是类别的子类,它是一个枚举类型的类,只包含四个实例,分别为Ⅰ级、Ⅱ级、Ⅲ级、Ⅳ级。同样,预警分级和应急响应分级都有四个子类。

(6) 应急角色继承于 SUMO 上位本体角色的子类,应急人员继承于人员。应急角色和应急人员通过担任属性建立关联。

(7) 应急组织体系是上位本体应急组织体系的继承类,可划分为两个子类:洪水突发事件应急组织体系、水污染突发事件应急组织体系。

(8) 洪水突发事件由四个子类组成,分别为应急指挥机构、应急指挥部办公室、专家组、应急抢险与救援队伍。

(9) 溃坝应急预案属于文本型,继承于文本,它主要有五个数据类型的属性,分别为预案编号、预案名称、发布日期、编制目的、编制原则。

(10) 运行机制是上位本体过程的继承类,它由五个子类组成,分别为预测与预警、应急响应、应急处置、应急结束、善后处理。应急处置下面又包含了信息报告与发布、应急调度、应急抢险、应急监测和巡查、人员应急转移、临时安置六个子类。

(11) 应急资源继承于上位本体资源,根据《水库大坝安全管理应急预案编制导则》(SL/Z 720—2015),其主要包含了应急资金、人力资源、医疗物资、交通工具、生活物资、救援材料设备、通信设备、发电设备八个子类。

(12)应急保障是上位本体过程的子类,它下面又有四个子类,分别为应急抢险与救援物资保障,交通、通信及电力保障,经费保障,其他保障。每一个保障通过属性"has Need"分别与对应的应急资源相关联,代表了保障的过程中所需用的资源。

(13)意向性过程属于 SUMO 上位本体中的类,其下添加了溃坝应急预案领域相关的子类,分别为宣传、培训、演练、草拟、审核、发布,表示应急预案管理过程的不同阶段,通过属性"has Stage"与父类相关联。

为了更加直观地体现溃坝应急各阶段的本体关系,表5.2-5列举了本体中的核心概念及其下属概念。在表5.2-5核心概念的基础上再结合溃坝应急预案编制大纲(见表5.2-6),利用本体编辑工具 Protégé 进行本体构建,最终可得溃坝应急预案中显性类的层次结构(见图5.2-7)、显性类的关系层次结构(见图5.2-8)。

表 5.2-5　显性领域本体中的核心概念及其下属概念

一级概念	二级概念	三级概念
工程概览	流域与工程概况	—
	水情和工情监测系统概况	—
	工程区域地质与地震情况	—
	水库控制运用原则	—
	上下游水利工程基本情况	—
	工程加固情况	—
	历史灾害	—
溃坝突发事件	洪水突发事件	—
	地震突发事件	—
	恐怖袭击突发事件	—
	工程事故突发事件	—
应急组织	应急指挥机构	—
	应急指挥部办公室	—
	专家组	—
	应急抢险与救援队伍	—

续表

一级概念	二级概念	三级概念
预案运行机制	预测与预警	水情、工情与库区水质监测
		通信
		报警系统
		预警级别
		预警信息报告
	应急响应	Ⅰ级应急响应
		Ⅱ级应急响应
		Ⅲ级应急响应
		Ⅳ级应急响应
	应急处置	信息报告与发布
		应急调度
		应急抢险
		应急监测和巡查
		人员应急转移
		临时安置
	应急结束	—
	善后处理	—
应急保障	应急抢险与救援物资	—
	交通、通信及电力	—
	经费	—
	其他	基本生活
		卫生防疫
		治安维护

表 5.2-6 溃坝应急预案编制大纲目录

扉页	3.5 抢险与救援队伍	4.5 善后处理
■预案编制或修订日期、审查、批准及版本号	3.6 应急指挥部办公室	4.6 调查与评估
■预案发放记录	**4 预案运行机制**	4.7 信息发布
■预案版本的受控和更新	4.1 预测与预警	**5 应急保障**
1 编制说明	4.1.1 水情与工情监测	5.1 应急经费保障

续表

1.1 编制单位和编制人员	4.1.2 通信	5.2 抢险与救援队伍保障
1.2 编制依据	4.1.3 报警系统	5.3 抢险与救援物资保障
1.3 编制原则	4.1.4 预警级别	5.4 卫生及医疗保障
1.4 突发事件分类分级	4.1.5 预警信息报告	5.5 基本生活保障
2 突发事件及溃坝后果分析	4.2 应急响应	5.6 交通与通信保障
2.1 工程基本情况	4.3 应急处置	5.7 治安维护
2.2 突发事件可能性分析	4.3.1 险情、灾情信息报告	**6 宣传、培训与演练（习）**
2.3 溃坝后果分析	4.3.2 应急调度	6.1 宣传
3 应急组织体系	4.3.3 应急抢险	6.2 培训
3.1 应急组织体系框图	4.3.4 应急监测和巡查	6.3 演练（习）
3.2 应急指挥机构	4.3.5 人员应急转移	**7 附表附图**
3.3 应急保障机构	4.3.6 临时安置	**8 附件**
3.4 专家组	4.4 应急结束	——

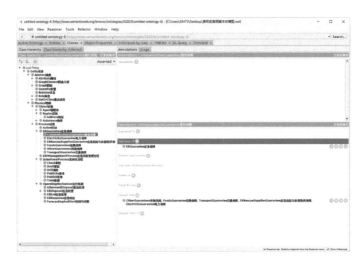

图 5.2-7　溃坝应急预案显性类的层次结构图

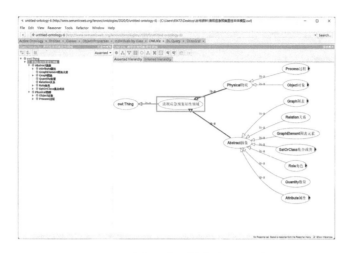

图 5.2-8 溃坝应急预案显性类的关系层次结构图

同时,为了更加直观地展示溃坝应急预案的本体模型,并对本体进行检测、修改和查询,本体编辑工具 Protégé 还提供了显性本体模型树状关系图,如图 5.2-9 所示,具体完整的溃坝应急预案显性本体的树状关系见图 5.2-10。

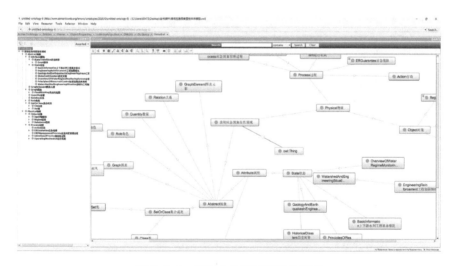

图 5.2-9 显性本体模型树状关系图

3. 隐性领域本体模型构建

溃坝应急预案的合理性离不开前期的计算分析支持,只有精准的数据信息才能为溃坝应急预案的制定提供科学依据。因此,溃坝应急预案中除直观展示

图 5.2-10   溃坝应急预案显性本体树状关系图

显性领域知识外,还存在隐性领域知识,它们之间具有链式效应,当隐性领域知识的改变使得显性知识整体结构的具体属性值或概念之间的关系发生变化时,系统结构逻辑会发生变化,最终引起溃坝应急预案本体模型的改变。

隐性领域本体中所包含的主要是影响显性领域本体逻辑结构发生改变的对象属性和数据知识,而溃坝应急的不确定性是引起应急预案调整的根本原因,因此可考虑将溃坝应急的不确定性因素融入其中,将不确定性知识表示在底层隐性领域本体中,并在此基础上结合溃坝后果及其指标形成领域本体的隐性本体模型,使用形式化后的不确定性知识进行判断、推理,从而提高系统应对不确定性的水平。

根据溃坝应急预案编制流程与主要内容,并结合第 2 章中溃坝应急的不确定性分析,将最顶层的类定义为溃坝应急预案隐性领域本体,即所有类的父类。其下层子类的核心概念主要包括溃坝后果、溃坝洪水、撤离时间、应急资源,图5.2-11 是用 Protégé 编辑工具中的 OntoGraf 功能绘制的隐性核心概念图。

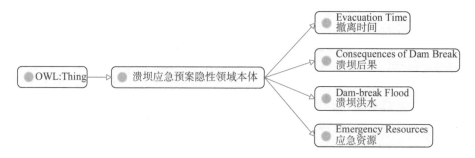

图 5.2-11　隐性领域本体顶层核心概念图

核心概念是对整个隐性知识的高度抽象化,因此为了使得其逻辑结构更加清楚,还需按照各自的概念属性对其进行进一步细化与分类,其中溃坝应急预案隐性领域本体的主要概念、属性以及关系描述如下:

(1)溃坝后果由三个子类组成,分别是生命损失、经济损失以及社会与环境影响。生命损失继承于溃坝后果,将其判断标准指标作为其属性值,并选取其中最主要的影响因子进行子类的添加,分别是风险人口、溃坝洪水严重性、警报时间、风险人口对溃坝洪水严重性的理解程度、溃坝发生时间、其他影响因素。经济损失包含两个子类,分别为直接损失、间接损失。社会与环境影响包含社会影响与环境影响两个子类；社会影响由风险人口、城镇、基础设施、文物古迹四个子类组成；环境影响由动植物栖息地、河道形态、自然与文化景观、污染源四个子类组成。

（2）溃坝洪水主要包含洪水以及溃坝参数，通过对溃坝应急的不确定性分析，将洪水分为降雨量、流量、洪水过程以及水力四个子类，且对各自的子类进行属性值的添加。

（3）撤离时间包含三个子类，分别为撤离活动的产生时间、撤离活动所用时间、政府部门决策时间。撤离活动所用时间按照步行和车行划分，并对其不同的撤离方式进行属性的添加。

（4）应急资源由资源需求和资源配置两个子类组成，并将其不确定性影响因素作为其属性值进行限制约束。

经过对隐性概念知识的提取及形式化，并结合不确定性因素，最终构建出溃坝应急预案隐性领域本体的树状关系图，见图 5.2-12。

构建完溃坝应急预案领域本体后，可利用 Protégé 进行所需概念的查询，如输入关键词"分级"时，将弹出如图 5.2-13 所示的界面。

从树状关系图中可看出，当检索"分级"时，本体模型会显示与"分级"概念相关的概念和类，同时还列出了与它相近的上下层级关系的其他类，这是利用本体模型搜索引擎相比于其他模型搜索引擎的优点，本体模型的搜索引擎能够将与关键词相关的概念、关系充分展示，并充分说明概念之间的外在关系，更加有利于智能化应急系统的研发。

图 5.2-12　溃坝应急预案隐性领域本体的树状关系图

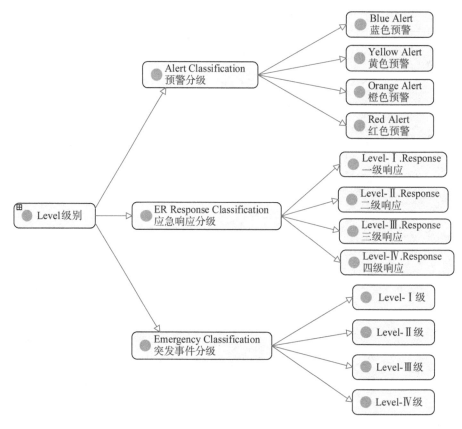

图 5.2-13 "分级"查询结果图

5.3 溃坝应急预案本体模型的实现

为了有效应对溃坝事件,实现高效的应急响应,设计和实现溃坝应急预案本体模型已成为重要的任务。溃坝应急预案本体模型是一种基于本体论的知识表示和推理框架模型,用于描述溃坝应急预案中的各种概念、关系和规则,以支持预案的自动化处理和决策支持。溃坝应急预案本体模型包含了公理、类/概念、关系/属性、注释等多个内容,因此,还需要从这些方面入手,深入探讨如何实现和完善这一模型。

5.3.1　公理的实现

公理的实现是指将逻辑规则和知识推理转化为计算机可处理的形式,以支持溃坝应急预案的自动化推理和智能决策。

例如,一个公理可以是"如果发生溃坝事件,需要立即启动避险指示"。通过将这样的公理形式化,并与其他相关公理相结合,可以构建一个逻辑上完备的信息体系,用于分析和管理溃坝应急预案。

为了在溃坝应急预案本体模型中实现公理,我们可以使用 OWL 规则语言(OWL Rule Language)来定义逻辑规则。以下是一个示例代码:

♯ 定义公理:发生溃坝事件时需启动避险指示

Declaration[Class(ex:Evacuation Directive)]

Declaration[Class(ex:Dam Failure Event)]

Declaration[Class(ex:Dam Evacuation)]

Annotation Assertion(owl:logical Axiom true)

Sub Class of(ex:Dam Failure Event ex:Evacuation Directive)

Annotation Assertion(owl:logical Axiom true)

Class Assertion(ex:Evacuation Directive ex:Dam Evacuation)

在以上代码中,我们使用了三个声明语句来声明了三个概念类:"ex:Evacuation Directive"表示避险指示;"ex:Dam Failure Event"表示溃坝事件;"ex:Dam Evacuation"表示溃坝时的避险行动。然后,我们通过使用 OWL 注释来表明下面的语句是逻辑公理,即[Annotation Assertion(owl:logical Axiom true)]。接下来,我们使用了"Sub Class of"关键词来定义一个逻辑规则,表示发生溃坝事件时需要启动避险指示。这里,"ex:Dam Failure Event"是"ex:Evacuation Directive"的子类,说明溃坝事件是避险指示的一种情况。这样的定义可以帮助我们系统地理解和推断避险指示与溃坝事件之间的关系。最后,我们使用了"Class Assertion"关键词来表示具体的实例关系。这里,我们说明了"ex:Dam Evacuation"是"ex:Evacuation Directive"的一个实例,即在发生溃坝事件时,具体的避险行动可以被视为避险指示的一个实例。

通过这些定义和规则,我们可以在溃坝应急预案本体模型中进行推理和智能决策,例如根据溃坝事件的发生来自动触发相应的避险指示和行动。

5.3.2　概念/类的实现

概念或类的实现是指对溃坝应急预案中的实体进行抽象和分类,以建立实体之间的层级关系。

例如,在一个溃坝应急预案本体模型中,我们可通过使用 OWL 语言来实现概念或类的层级结构,并为其添加相应的注释以提供更多的信息和说明。以下是一个示例代码。

　　♯ 定义受影响的区域类

　　Class：ex：Affected Area

　　Annotations：

　　rdfs：comment "表示可能受到溃坝事件影响的区域"。

　　♯ 定义危险区域类

　　Class：ex：High Risk Area

　　Sub Class of：ex：Affected Area

　　Annotations：

　　rdfs：comment "表示高风险的受影响区域"。

　　♯ 定义安全区域类

　　Class：ex：Safe Area

　　Sub Class of：ex：Affected Area

　　Annotations：

　　rdfs：comment "表示安全的受影响区域"。

在以上示例代码中,我们定义了一个父类"ex：Affected Area",它表示可能受到溃坝事件影响的区域。然后,我们进一步定义了两个子类,即"ex：High Risk Area"和"ex：Safe Area",分别表示高风险的受影响区域和安全的受影响区域。子类通过"Sub Class of"关键词与父类建立了层级关系。

通过这样的类的层级结构,我们可以对溃坝应急预案中不同区域进行分类,并针对不同类别的区域制定相应的管理和预防措施。

5.3.3　关系/属性的实现

本体中概念与概念之间、属性与概念之间或实例与概念之间相互关联映射,在溃坝应急预案本体模型中,这样的关系称为属性,主要表示了实例、概念、数据类型之间的二元关系。

属性主要分为数据属性与对象属性。数据属性用于描述类的数值特性,将某一数据类型与类关联起来,由数据的对象组成。

以溃坝应急预案本体模型为基础,我们可进一步扩展属性的定义与使用范围。示例代码如下:

♯ 定义受影响的区域类

Class：ex：Affected Area

♯ 定义应急资源类

Class：ex：Emergency Resource

♯ 定义资源分配关系

Object Property：ex：Resource Allocation

Domain：ex：Emergency Resource

Range：ex：Affected Area

♯ 定义灾害风险级别属性

Datatype Property：ex：Risk Level

Domain：ex：Affected Area

Range：xsd：integer

♯ 定义所在省份属性

Datatype Property：ex：Province

Domain：ex：Affected Area

Range：xsd：String

在以上示例中,我们扩展了溃坝应急预案本体模型的属性定义。首先,我们定义了一个对象属性"ex：Resource Allocation",它表示应急资源和受影响的区域之间的关系;域(Domain)为"ex：Emergency Resource"类,表示应急资源实例可拥有该属性;值域(Range)为"ex：Affected Area"类,表示属性的值为受影响的区域实例。

其次,我们定义了一个数据属性"ex：Risk Level",它表示受影响区域的灾害风险级别;域为"ex：Affected Area"类,表示受影响区域实例可拥有该属性;值域为整数类型(xsd：Integer),表示属性的值为灾害风险级别。

最后,我们进一步扩展属性,定义了一个数据属性"ex:Province",它表示受影响区域所在的省份;域为"ex:Affected Area"类,表示受影响区域实例可拥有该属性;值域为字符串类型(xsd:String),表示属性的值为省份名称。

通过以上扩展,我们在溃坝应急预案本体模型中添加了更多的属性,用于描述实体之间的关联和特征。

5.3.4 注释的实现

在溃坝应急预案本体模型中,注释的实现是为了为本体的各个元素添加附加说明和信息,以便更好地理解和使用。注释可包括对概念、关系、属性和实例的解释、举例与评价等,可通过在预案本体模型中添加注释字段或使用注释工具来实现。

在本体模型中,我们可通过使用 OWL 语言的注释机制来为不同元素添加注释。下面是一个示例代码,展示了如何在溃坝应急预案本体模型中添加注释字段。

Annotation Property:rdfs:comment

♯ 定义受影响的区域概念类

Class:ex:Affected Area

Annotations:

rdfs:comment "包括可能受到溃坝事件影响的地区或区域"。

♯ 定义应急资源概念类

Class:ex:Emergency Resource

Annotations:

rdfs:comment "可用于应对溃坝事件的物资或设备"。

♯ 定义资源分配关系

Object Property:ex:Resource Allocation

Annotations:

rdfs:comment "指示某一资源应分配给特定的受影响区域"。

♯ 定义灾害风险级别属性

Datatype Property:ex:Risk Level

Annotations:

rdfs：comment "描述受影响区域的灾害风险程度。可以使用 1~5 的评级标准来表示，其中 1 表示最低风险，5 表示最高风险"。

通过以上示例，可以为溃坝应急预案本体模型中的概念、关系和属性添加注释信息，使得使用者更容易理解和利用本体模型。

综上所述，本书所构建的本体模型不仅严格遵循了本体构建的五项基本原则，满足了其基本要求，而且通过 Protégé 工具生成了以 OWL 形式描述的溃坝应急预案本体模型。该模型具备高度的扩展性，通过 RDF 解析器接口与系统实现无缝连接。通过统一溃坝应急预案领域的概念与术语，本模型有效消除了应急指挥人员与处置人员间的理解异构，为溃坝应急领域提供了无歧义、一致共享的理解基础。这一成果不仅促进了跨管理域的应急协同处置，更为溃坝应急智能化的发展奠定了坚实的模型基础。

6

本体模型的进化机制研究

本章主要探讨了溃坝应急预案中的本体模型如何进行动态更新和进化,以适应不断变化的需求和环境。本章首先对溃坝应急预案本体模型的动态更新需求进行了详细分析。由于溃坝事件的特殊性和复杂性,相关知识和应对策略会随着时间的推移和技术的进步而发生变化。因此,为了保持本体模型的准确性和实用性,需要进行动态更新,及时收集新的数据和知识,修正和扩展本体模型的内容。其次,对本体模型的进化机制进行了理论分析。进化机制旨在模拟应急过程中突发事件的演化过程,通过演化算法等方法对本体模型进行改进和优化。本体模型的进化机制涉及进化算子的设计、适应性评估和运用分析等方面,旨在提高本体模型的性能和适应能力。最后,本章对本体模型的进化过程和结果进行了分析与评估。通过实验和案例研究,对本体模型的进化算法和优化策略的效果进行了验证,揭示了本体模型进化机制的有效性和优势。

6.1 溃坝应急预案本体模型的动态更新需求

6.1.1 概述

本体进化是指当前本体模型不能完整表达某领域内的全部知识,从而根据外界新的知识源进行的演化过程,在整个演化过程中还要考虑到变更后的本体与适配应用的相容性和逻辑一致性,内部任意一个小的变化都将对整体产生影响,甚至影响到相关的智能体、服务和应用。本体进化主要依据相应的理论、方法对其内部的概念、概念之间的关系、属性等进行不断完善的一致性传播的过程,本体进化主要涉及以下两个方面:

(1)本体概念的丰富。本体的构建是一项逐步完成的工作,需要根据外界的知识变化为初始本体不断添加新的概念,丰富本体概念,满足应用需求。

(2)本体概念的更新。根据实际应用需求,不仅需要增加本体的概念、关系等,有时还需对过时的概念及关系等进行删除。本体局部的改动会引起整体的连锁反应,因此,在进行本体概念的修改时还需要保持本体各部分数据的一致性。

6.1.2 本体进化原因及一致性分析

本体的开发需要本体工程师一起分工协作,将单个部分的本体合并成一个完整的本体。所谓的完整状态也只是一个临时状态,不可能一直保持不变,必需根据外部知识源的变化及时调整,不断更新本体模型,保持本体知识模型的完整度,使得本体更好地满足用户的需求。本体进化的原因有多种,主要包括以下几个方面:

(1)领域的变化。领域的改变是一种非常普遍的存在。例如,当有新的溃坝应急预案本体知识被添加到应急预案本体中时,为了反映这种变化就必须进行变更。

(2)共享概念模型的变化。当描述的领域发生改变时,本体中某些类的含义也会因为语义的改变而表示不同含义。

(3)表示的变化。当本体的描述语言发生改变时,不同语言之间的语法结构、表述方式等存在差异性,因此很难保证本体语义在转换过程中保持一致。

此外,当本体进化后,还需进行本体非一致性检测,防止进化导致的系统冲突,确保在实施附加变化操作后,仍保持本体结构、逻辑以及用户自定义的一致性,分析流程见图 6.1-1。

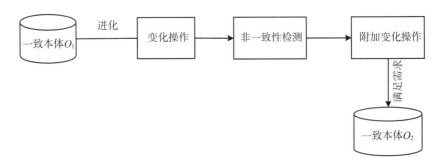

图 6.1-1　本体进化一致性分析图

6.2　本体模型的进化机制理论分析

本体模型的进化机制是指在本体建模过程中,本体模型如何随着时间的推移进行演化和更新的理论分析。对这一机制的理解对于有效管理和维护本体模型具有重要意义。

为了实现本体进化,一般可从以下几个方面进行研究:

（1）概念扩充和调整。随着领域知识的不断发展和新的需求的出现，本体模型需要不断扩充和调整其概念。这涉及对本体中的类别、属性和关系进行添加、修改或删除。通过精确地定义和细化概念，可以更好地描述领域实体之间的关系和特性。

（2）推理规则优化。本体的推理是通过逻辑规则来进行的，其目的是从已知的事实中推导出新的隐含知识。在进化过程中，需要对推理规则进行优化和调整，以提高推理的准确性和效率。这可能包括对规则的扩展、修订和重新评估，以保持推理过程的一致性和可靠性。

（3）实例数据更新。本体模型中的实例数据是基于领域现有的事实和样本，随着时间的推移，实例数据可能会发生变化。因此，本体模型需要及时更新实例数据，包括添加新的实例、更新已有实例的属性值以及删除不再有效的实例。通过与实例数据的同步，本体模型可以更好地反映真实世界的变化。

（4）本体约束和语义规则校验。为了保证本体模型的一致性和正确性，需要对本体的约束和语义规则进行校验。在进化过程中，需要对约束条件和语义规则进行评估与调整，以确保本体模型的完整性和内部逻辑的一致性。这有助于提高本体模型的质量和可靠性。

通过深入理解本体模型的进化机制，可以更好地管理和更新本体模型，以适应不断变化的领域需求和知识发展。进行逻辑性和系统性的理论分析可以帮助应对本体模型进化过程中的挑战，并提升本体模型的实用性和可靠性。

当涉及应急知识领域的本体模型的进化机制时，我们可以使用一个假设的案例来进行说明。

假设我们正在构建一个应急知识领域的本体模型，以支持应急响应和灾害管理的组织、检索与推理。在这个案例中，本体模型的进化机制可体现在如下几个方面：

（1）概念扩充和调整。随着应急知识的不断积累和新的应急需求的出现，本体模型可能需要进行概念的扩充和调整。例如，若新的自然灾害类型出现，我们可以添加新的类别，如"火灾"或"地震"等。同时，我们还可以调整现有概念的层次结构或关系，以更好地适应应急响应和灾害管理的实际情况。

（2）推理规则优化。在本体模型中，我们可通过定义推理规则来推断新的应急知识。随着应急知识的不断发展和新的应急场景的出现，我们可能需要优化推理规则,以提高推断的准确性和效率。例如,在不同的应急情况下,我们可以添加特定的逻辑规则,以利用先前的经验或应对策略。

(3)实例数据更新。实例数据是本体模型中具体应急情况或事件的特定示例。在应急知识领域中,实例数据可随着新的灾害事件或灾情观测数据的出现而更新。我们需要及时将这些新数据添加到本体模型中,以保持模型与实际数据的同步。

(4)本体约束和语义规则校验。为了确保本体模型的一致性和准确性,我们可以定义一些约束和语义规则来校验模型中的数据。在进化过程中,我们可能需要对这些规则进行调整和优化,以满足新的应急需求或知识发展的要求。

举个例子,假设在初始的应急知识本体模型中,没有包含某特定类型的灾害,如洪水。随着新的洪灾事件的发生和相关研究取得的进展,我们需要对本体模型进行扩展,可添加“洪水”作为一个新的灾害类别,并定义与其相关的属性和关系。同时,我们还需要更新本体模型中的实例数据,添加与洪灾事件和防汛措施相关的新案例与数据。此外,我们还可能需要优化推理规则,以便从已知的灾害事件中推断出新的相关的应急知识和适用的救援策略。

通过以上的例子,我们可以看到在应急知识本体模型的进化过程中,通过概念扩充和调整、推理规则优化、实例数据更新及本体约束和语义规则的校验,可以不断使本体模型与应急响应及灾害管理的真实情况和需求保持一致,并及时适应新的灾情和应急需求。这样的进化机制可以提升本体模型的实用性和可靠性,并使本体模型成为应急响应和灾害管理的重要工具。

在本部分,我们将主要探讨本体进化机制,并采用本体矩阵的方式进行理论分析。通过采用本体矩阵的方式,我们可以更深入地理解本体模型的演化过程,并从多个维度对其进行分析,为实践中的本体研究和应用提供有益的指导。

6.2.1　溃坝应急预案本体结构矩阵

本体在定义上分为自然语言描述与数学语言描述,前者主要是哲学意义上的定义,后者主要是信息科学上的定义。对于本体的整体定义是由客观描述到深层次处理,满足当今对于某个领域的智能化发展需求。本书根据所建溃坝应急预案本体模型的构成元素,将溃坝应急预案本体模型 O 定义为一个五元组,即:

$$O=(C,R,F,A,I) \tag{6.2-1}$$

式中:C 表示溃坝应急预案整个体系中的概念集合;R 表示溃坝应急预案中概念之间关系的有限集合;F 表示溃坝应急预案中的函数集合;A 表示溃坝应急预案中公理的有限集合;I 表示溃坝应急预案的具体实体集合。

另外,在 R 中,$IsA \in R$,IsA 代表概念间的分类关系,其构成了概念间的一个层次结构。

为了充分说明本体与矩阵的关系,还需引入其他相关概念并加以描述。在本体 $O=(C,R,F,A,I)$ 中,如果 (C,R) 的拓扑结构是树,就将本体 $O=(C,R,F,A,I)$ 称为树形本体;如果 (C,R) 的拓扑结构是图,就将其称为图形本体。在树形本体中,采用"从上到下,从左到右"的遍历方式,这种方式被称作自然遍历方式。一般本体只讨论概念集 C 和关系集 R 的关系,且 R 中只有一个关系 IsA 的树形本体,即 $R=\{IsA\}$,因此溃坝应急预案本体的表达形式可记为 $O=(C,IsA)$。

假设 $O=(C,IsA)$ 为溃坝应急预案领域中的一个本体,其中 $C=\{c_1, c_2, \cdots, c_n\}$。假设 C 中的遍历方式为"$c_{i_1}, c_{i_2}, \cdots, c_{i_n}$",其中"$i_1, i_2, \cdots, i_n$"为一个 n 级排列,定义为

$$f_{kl}=\begin{cases} 0, k=1 \\ 1, 若 c_{i_l} IsA c_{i_k}, 并且不存在 p, 使得 c_{i_l} IsA c_{i_p} IsA c_{i_k} \\ 0, 其他 \end{cases} \tag{6.2-2}$$

则称矩阵 $\boldsymbol{F}=(f_{kl})_{n \times n}$ 为本体 O 在遍历方式"$c_{i_1}, c_{i_2}, \cdots, c_{i_n}$"下的结构矩阵,也称作本体结构矩阵,向量 $\boldsymbol{g}=(c_{i_1}, c_{i_2}, \cdots, c_{i_n})^{\mathrm{T}}$ 为本体概念向量。通过以上本体结构矩阵的定义可知,同一本体在不同遍历方式下的结构矩阵相同,在相同遍历方式下本体 O 和本体结构矩阵 $\boldsymbol{F}$ 是一一对应的。

6.2.2 溃坝应急预案本体矩阵融合模型

随着领域本体的不断学习,本体结构必须适应外界环境而生成新的本体模型。本体融合就是将原本体与现有的新本体融合,建立一个新的本体,同时保持前后一致。目前比较常见的融合方法有美国斯坦福大学开发的集融合与诊断为一体的方法,如 Chimaera 方法、Prompt 方法、FCA-Merge 方法。通过对

这些方法进行比较分析,可知各个方法在映射类型方面基本一致,有些方法还会对本体以外的信息产生依赖,每一个方法都需要人工参与。当前本体的映射技术发展迅速,利用现有的本体融合新的本体,可创立本体矩阵模型。具体的算法模型见图 6.2-1。

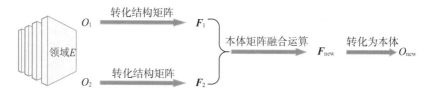

图 6.2-1   本体矩阵融合模型图

假定溃坝应急预案领域 E 上有两个本体 O_1 和 O_2,遍历方式为自然遍历,由此可得两个本体相对应的本体结构矩阵 F_1 和 F_2,经过矩阵融合计算得到新的矩阵 F_{new},然后根据新的矩阵构造出两个本体融合后的新本体 O_{new}。

6.2.3   本体矩阵相关运算

为了实现本体矩阵算法,需要引进矩阵的直和以及 Hadamard 积(也叫作哈达玛乘积)的定义。设矩阵 $A=(a_{ij})_{m \times m}$,矩阵 $B=(b_{ij})_{n \times n}$,矩阵的直和$C=A \oplus B$,即将 A 和 B 作为对角线,非对角线为 $\mathbf{0}$,记为 $A \oplus B$,即:

$$C=A \oplus B = \begin{bmatrix} A_{m \times m} & \mathbf{0} \\ \mathbf{0} & B_{n \times n} \end{bmatrix} \tag{6.2-3}$$

矩阵的乘积主要有三种方式,本书主要采用的是 Hadamard 积。设矩阵 $A=(a_{ij})_{m \times n}$,矩阵 $B=(b_{ij})_{m \times n}$,则这两个矩阵的 Hadamard 积 $C=(c_{ij})_{m \times n}$,记为 $A \otimes B$,即:

$$C=A \otimes B = \begin{bmatrix} a_{11}b_{11} & a_{12}b_{12} & \cdots & a_{1n}b_{1n} \\ a_{21}b_{21} & a_{22}b_{22} & \cdots & a_{2n}b_{2n} \\ \vdots & \vdots & \cdots & \vdots \\ a_{m1}b_{m1} & a_{m2}b_{m2} & \cdots & a_{mn}b_{mn} \end{bmatrix} \tag{6.2-4}$$

对于溃坝应急预案领域 E 上的两个本体 $O_1=(C_1, IsA)$,$O_2=(C_2, IsA)$,

其中 $C_1 = \{c_{11}, c_{12}, \cdots, c_{1m}\}$ 和 $C_2 = \{c_{21}, c_{22}, \cdots, c_{2n}\}$ 是领域 E 上对应于原本体的两个概念集合。c_{11} 和 c_{21} 分别为 O_1 与 O_2 的子概念，$\boldsymbol{F}_1$ 和 $\boldsymbol{F}_2$ 分别为 O_1 与 O_2 的本体结构矩阵。以 O_1 为参照本体，在 C_1 和 C_2 中，如果有 $s \geqslant 0$ 个概念相同，那么就认为本体 O_1 对于知识的表达更加合理与完整。

当 $s = 0$ 时，代表了两个本体中没有相同的概念。定义 $\boldsymbol{F}_1$ 和 $\boldsymbol{F}_2$ 到新的结构矩阵的映射关系为

$$\boldsymbol{F}_{\text{new}} = \boldsymbol{F}_1 o \boldsymbol{F}_2 \tag{6.2-5}$$

其中，$\boldsymbol{F}_{\text{new}} = \begin{bmatrix} \boldsymbol{0} & \boldsymbol{e}_1 & \boldsymbol{e}_2 \\ \boldsymbol{0} & \boldsymbol{F}_1 & \boldsymbol{0} \\ \boldsymbol{0} & \boldsymbol{0} & \boldsymbol{F}_2 \end{bmatrix}$，$\boldsymbol{e}_1 = (1, 0, \cdots, 0)_{1 \times m}$，$\boldsymbol{e}_2 = (1, 0, \cdots, 0)_{1 \times n}$。

因此，当 $s = 0$ 时，$\boldsymbol{F}_{\text{new}} = \boldsymbol{F}_1 o \boldsymbol{F}_2 = \begin{bmatrix} \boldsymbol{0} & \boldsymbol{e}_1 & \boldsymbol{e}_2 \\ \boldsymbol{0} & \boldsymbol{F}_1 & \boldsymbol{0} \\ \boldsymbol{0} & \boldsymbol{0} & \boldsymbol{F}_2 \end{bmatrix}$

当 $s > 0$ 时，定义 $\boldsymbol{F}_1$ 和 $\boldsymbol{F}_2$ 到新的结构矩阵的映射关系为

$$\boldsymbol{F}_{\text{new}} = \boldsymbol{F}_1 g \boldsymbol{F}_2 \tag{6.2-6}$$

其中，$\boldsymbol{F}_{\text{new}}$ 的构造可以通过迭代的方式完成，令 $\boldsymbol{F}_{\text{new}}^{(0)} = \boldsymbol{F}_1 \oplus \boldsymbol{F}_2$，经过迭代得到新的矩阵 $\boldsymbol{F}_{\text{new}} = \boldsymbol{F}_{\text{new}}^{(s)}$，最终可知 $\boldsymbol{F}_{\text{new}}$ 是唯一确定的矩阵，其余对角元素都为 0，且只有第一列是唯一一个零向量，其余各列都是标准单位向量。

据此可以得出，当两个本体中相同概念数 $s \geqslant 0$ 时，有如下本体矩阵融合运算，记作 $\boldsymbol{F}_1 * \boldsymbol{F}_2$，即：

$$\boldsymbol{F}_{\text{new}} = \boldsymbol{F}_1 * \boldsymbol{F}_2 = \begin{cases} \boldsymbol{F}_1 o \boldsymbol{F}_2, & \text{当 } s = 0 \text{ 时} \\ \boldsymbol{F}_1 g \boldsymbol{F}_2, & \text{当 } s > 0 \text{ 时} \end{cases} \tag{6.2-7}$$

6.3　基于融合算法的本体模型进化方法研究

6.3.1　进化算子设计

根据矩阵与本体的融合算法模型，其在不同概念数下的算法是不一样的，

具体分为两类。

算法一:当 $s=0$ 时,融合算法被称作 Add 算法,具体步骤如下:

步骤 1:$C_{new}=C_1 \bigcup C_2 \bigcup \{c_{30}\}=\{c_{3i} | c_{3i} \in C_1 \bigcup C_2, i=1,2,\cdots,m+n$,且 $c_{30} \in E\}$ 为新的概念集合,其中 c_{30} 为领域 E 上 C_1 和 C_2 中所有概念的父概念;

步骤 2:由新的概念集合构造出新的概念向量 $\boldsymbol{g}_{new}=(c_{30},c_{31},\cdots,c_{3m+n})^T$;

步骤 3:通过矩阵运算得到两个待融合本体的结构矩阵 $\boldsymbol{F}_1$ 和 $\boldsymbol{F}_2$;

步骤 4:由运算可得出 $\boldsymbol{F}_{new}=\begin{bmatrix} 0 & \boldsymbol{e}_1 & \boldsymbol{e}_2 \\ 0 & \boldsymbol{F}_1 & 0 \\ 0 & 0 & \boldsymbol{F}_2 \end{bmatrix}$,$\boldsymbol{e}_1=(1,0,\cdots,0)_{1 \times m}$,$\boldsymbol{e}_2=(1,0,\cdots,0)_{1 \times n}$;

步骤 5:由 $\boldsymbol{F}_{new}\boldsymbol{g}_{new}$ 和 $\boldsymbol{F}_{new}^T\boldsymbol{g}_{new}$,得出 c_{3i} 的所有概念,$i=0,1,2,\cdots,m+n$;

步骤 6:据此可构造出融合后的新本体 O_{new}。

算法二:当 $s>0$ 时,融合算法被称作 Merge 算法,具体步骤如下:

步骤 1:以其中一个本体的概念集合为基准,将 C_1 和 C_2 的所有概念组成一个新的概念集,记为 C_{new},对相同的概念只取一个;

步骤 2:由新的概念集合构造出新的概念向量,为 $\boldsymbol{g}_{new}=(c_{31},c_{32},\cdots,c_{3m+n-s})^T$;

步骤 3:通过矩阵运算得到两个待融合本体的结构矩阵 $\boldsymbol{F}_1$ 和 $\boldsymbol{F}_2$;

步骤 4:由前文的算法可得出 $\boldsymbol{F}_{new}$;

步骤 5:由 $\boldsymbol{F}_{new}\boldsymbol{g}_{new}$ 和 $\boldsymbol{F}_{new}^T\boldsymbol{g}_{new}$,可得出 c_{3i} 的所有概念,$i=0,1,2,\cdots,m+n-s$;

步骤 6:据此可构造出融合后的新本体 O_{new}。

以上是融合算法的两个主要进化算法。在本体模型中,根据具体情况选择相应的算子来实现本体模型的进化。

6.3.2　溃坝应急预案领域本体融合实验

取溃坝应急预案领域 E 内两个本体 $O_{1实验}$ 与 $O_{2实验}$,其中 C_{1i}、C_{2j}($i=1,2,\cdots,10;j=1,2,\cdots,8$)分别代表溃坝应急预案领域本体中的概念,其图形化结构如图 6.3-1 和图 6.3-2 所示,且只保留 IsA 的关系。

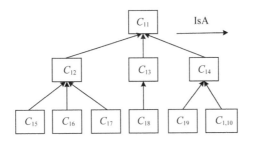

图 6.3-1　本体 O_1实验

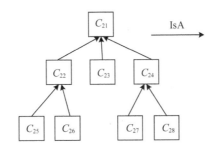

图 6.3-2　本体 O_2实验

在自然遍历下可分别得出结构矩阵 F_1 与 F_2：

$$F_1 = \begin{bmatrix} 0 & 1 & 1 & 1 & 0 & 0 & 0 & 0 & 0 & 0 \\ 0 & 0 & 0 & 0 & 1 & 1 & 1 & 0 & 0 & 0 \\ 0 & 0 & 0 & 0 & 0 & 0 & 0 & 1 & 0 & 0 \\ 0 & 0 & 0 & 0 & 0 & 0 & 0 & 0 & 1 & 1 \\ 0 & 0 & 0 & 0 & 0 & 0 & 0 & 0 & 0 & 0 \\ 0 & 0 & 0 & 0 & 0 & 0 & 0 & 0 & 0 & 0 \\ 0 & 0 & 0 & 0 & 0 & 0 & 0 & 0 & 0 & 0 \\ 0 & 0 & 0 & 0 & 0 & 0 & 0 & 0 & 0 & 0 \\ 0 & 0 & 0 & 0 & 0 & 0 & 0 & 0 & 0 & 0 \\ 0 & 0 & 0 & 0 & 0 & 0 & 0 & 0 & 0 & 0 \end{bmatrix}_{10 \times 10} \qquad (6.3\text{-}1)$$

$$\boldsymbol{F}_2 = \begin{bmatrix} 0 & 1 & 1 & 1 & 0 & 0 & 0 & 0 \\ 0 & 0 & 0 & 0 & 1 & 1 & 0 & 0 \\ 0 & 0 & 0 & 0 & 0 & 0 & 0 & 0 \\ 0 & 0 & 0 & 0 & 0 & 0 & 1 & 1 \\ 0 & 0 & 0 & 0 & 0 & 0 & 0 & 0 \\ 0 & 0 & 0 & 0 & 0 & 0 & 0 & 0 \\ 0 & 0 & 0 & 0 & 0 & 0 & 0 & 0 \\ 0 & 0 & 0 & 0 & 0 & 0 & 0 & 0 \end{bmatrix}_{8 \times 8} \tag{6.3-2}$$

为了实现两个本体的融合,主要分为三种情况进行实验,分别是当两者中没有相同概念、两者中只有一个相同概念以及有两个以上相同概念的情况。

情形一:当两个待融合的本体中没有相同的概念,即 $s=0$ 时,那么就需要在溃坝应急预案领域 E 内为其找一个概念 C_0 作为它们的顶层概念。

此时根据 Add 算法可知:

$$\boldsymbol{F}_{\text{new}} = \begin{bmatrix} 0 & \boldsymbol{e}_1 & \boldsymbol{e}_2 \\ 0 & \boldsymbol{F}_1 & 0 \\ 0 & 0 & \boldsymbol{F}_2 \end{bmatrix}, \boldsymbol{e}_1 = (1,0,\cdots,0)_{1 \times m}, \boldsymbol{e}_2 = (1,0,\cdots,0)_{1 \times n} \tag{6.3-3}$$

融合后的本体结构如图 6.3-3 所示,两个本体作为新本体的子类,其各自的知识以及概念等都完美保留下来,由于两者没有相同概念,因此不存在不相容的情况,这种本体的融合是最为简单的形式,新生成的本体语义更加完备。

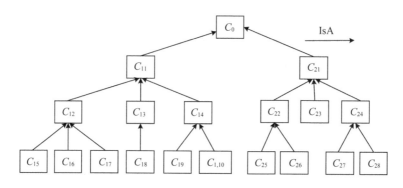

图 6.3-3　$s=0$ 的本体结构图

情形二:当两个待融合的本体中只有一个相同的概念,即 $s=1$ 时,假设 $C_{21}=C_{11}$,此时根据 Merge 算法可知:

$$\boldsymbol{F}_{\text{new}}=\begin{bmatrix} 0 & 1 & 1 & 1 & 1 & 1 & 1 & 0 & 0 & 0 & 0 & 0 & 0 & 0 & 0 & 0 & 0 \\ 0 & 0 & 0 & 0 & 0 & 0 & 0 & 1 & 1 & 1 & 0 & 0 & 0 & 0 & 0 & 0 & 0 \\ 0 & 0 & 0 & 0 & 0 & 0 & 0 & 0 & 0 & 0 & 1 & 0 & 0 & 0 & 0 & 0 & 0 \\ 0 & 0 & 0 & 0 & 0 & 0 & 0 & 0 & 0 & 0 & 0 & 1 & 1 & 0 & 0 & 0 & 0 \\ 0 & 0 & 0 & 0 & 0 & 0 & 0 & 0 & 0 & 0 & 0 & 0 & 0 & 1 & 1 & 0 & 0 \\ 0 & 0 & 0 & 0 & 0 & 0 & 0 & 0 & 0 & 0 & 0 & 0 & 0 & 0 & 0 & 0 & 0 \\ 0 & 0 & 0 & 0 & 0 & 0 & 0 & 0 & 0 & 0 & 0 & 0 & 0 & 0 & 0 & 1 & 1 \\ 0 & 0 & 0 & 0 & 0 & 0 & 0 & 0 & 0 & 0 & 0 & 0 & 0 & 0 & 0 & 0 & 0 \\ 0 & 0 & 0 & 0 & 0 & 0 & 0 & 0 & 0 & 0 & 0 & 0 & 0 & 0 & 0 & 0 & 0 \\ 0 & 0 & 0 & 0 & 0 & 0 & 0 & 0 & 0 & 0 & 0 & 0 & 0 & 0 & 0 & 0 & 0 \\ 0 & 0 & 0 & 0 & 0 & 0 & 0 & 0 & 0 & 0 & 0 & 0 & 0 & 0 & 0 & 0 & 0 \\ 0 & 0 & 0 & 0 & 0 & 0 & 0 & 0 & 0 & 0 & 0 & 0 & 0 & 0 & 0 & 0 & 0 \\ 0 & 0 & 0 & 0 & 0 & 0 & 0 & 0 & 0 & 0 & 0 & 0 & 0 & 0 & 0 & 0 & 0 \\ 0 & 0 & 0 & 0 & 0 & 0 & 0 & 0 & 0 & 0 & 0 & 0 & 0 & 0 & 0 & 0 & 0 \\ 0 & 0 & 0 & 0 & 0 & 0 & 0 & 0 & 0 & 0 & 0 & 0 & 0 & 0 & 0 & 0 & 0 \\ 0 & 0 & 0 & 0 & 0 & 0 & 0 & 0 & 0 & 0 & 0 & 0 & 0 & 0 & 0 & 0 & 0 \\ 0 & 0 & 0 & 0 & 0 & 0 & 0 & 0 & 0 & 0 & 0 & 0 & 0 & 0 & 0 & 0 & 0 \end{bmatrix}_{17\times17}$$

$$(6.3\text{-}4)$$

融合后的本体结构如图 6.3-4 所示,在新本体中,两个本体的根概念合并为一个概念,其他概念关系也得到了继承。产生的新本体知识表达更加完整,与原本体的结构相契合,结构形式一致。

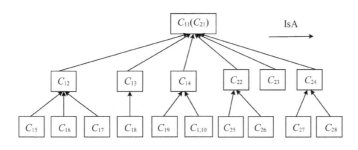

图 6.3-4 $s=1$ 的本体结构图

情形三：当待融合的本体中有两个及以上的相同概念时，这里取 $s=3$，假设 $C_{21}=C_{11}$，$C_{13}=C_{23}$，$C_{25}=C_{12}$。

此时根据 Merge 算法可知：

$$F_{new} = \begin{bmatrix} 0 & 1 & 1 & 1 & 1 & 0 & 0 & 0 & 0 & 0 & 0 & 0 & 0 & 0 & 0 \\ 0 & 0 & 0 & 0 & 0 & 1 & 0 & 0 & 0 & 0 & 0 & 0 & 0 & 0 & 0 \\ 0 & 0 & 0 & 0 & 0 & 0 & 1 & 1 & 0 & 0 & 0 & 0 & 0 & 0 & 0 \\ 0 & 0 & 0 & 0 & 0 & 0 & 0 & 0 & 1 & 1 & 0 & 0 & 0 & 0 & 0 \\ 0 & 0 & 0 & 0 & 0 & 0 & 0 & 0 & 0 & 1 & 1 & 0 & 0 & 0 & 0 \\ 0 & 0 & 0 & 0 & 0 & 0 & 0 & 0 & 0 & 0 & 0 & 0 & 0 & 0 & 0 \\ 0 & 0 & 0 & 0 & 0 & 0 & 0 & 0 & 0 & 0 & 0 & 0 & 0 & 0 & 0 \\ 0 & 0 & 0 & 0 & 0 & 0 & 0 & 0 & 0 & 0 & 0 & 0 & 1 & 1 & 1 \\ 0 & 0 & 0 & 0 & 0 & 0 & 0 & 0 & 0 & 0 & 0 & 0 & 0 & 0 & 0 \\ 0 & 0 & 0 & 0 & 0 & 0 & 0 & 0 & 0 & 0 & 0 & 0 & 0 & 0 & 0 \\ 0 & 0 & 0 & 0 & 0 & 0 & 0 & 0 & 0 & 0 & 0 & 0 & 0 & 0 & 0 \\ 0 & 0 & 0 & 0 & 0 & 0 & 0 & 0 & 0 & 0 & 0 & 0 & 0 & 0 & 0 \\ 0 & 0 & 0 & 0 & 0 & 0 & 0 & 0 & 0 & 0 & 0 & 0 & 0 & 0 & 0 \end{bmatrix}_{15 \times 15}$$

$$(6.3\text{-}5)$$

融合后的本体结构如图 6.3-5 所示，在新本体中，首先是将两个本体的根概念合并为一个概念，概念数目少一个，其余维持原状。其次，由于 $C_{13}=C_{23}$，而且它们都有一个共同的上位概念，因此可将两者合并成一个概念 C_{13}，剪掉 C_{23}，C_{13} 下所包含的概念关系得到保留和继承。最后，又因 $C_{25}=C_{12}$，比较两者的层深，可知 C_{25} 的层深大于 C_{12}，所以选择 C_{25} 的上位概念 C_{22} 作为两者合并后的上位概念，剪掉 C_{12}，与 C_{25} 合并为一个概念，C_{12} 下包含的概念关系得到继承。新产生的本体所呈现的知识关系为"$C_{12}\,IsA\,C_{22}\,IsA\,C_{11}$"，根据 IsA 具有传递性可得出新本体中的知识关系为"$C_{12}\,IsA\,C_{11}$"，而原本体 $O_{1实验}$ 中的知识关系为"$C_{12}\,IsA\,C_{11}$"，由此可以说明融合后的本体表达的知识符合原本体中的结构，概念关系得到了继承。

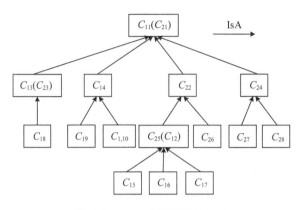

图 6.3-5 $s=3$ 的本体结构图

通过以上融合实验,可知融合算法能很好地实现本体融合,并且生成的新本体语义更加完备,其他概念关系也在新本体中得到了保留,同时,其各自的属性也得到了很好的融合,新的属性覆盖旧的属性,从而得到更加符合实际情况的本体模型。

6.4 溃坝应急预案本体模型的进化

溃坝应急预案本体模型并不是一成不变的,其逻辑关系处于一个动态演变的过程,根据第 5 章构建的溃坝应急预案隐性领域本体,可知引起应急预案本体模型发生改变的不确定性因子主要分为溃坝后果、溃坝洪水、撤离时间、应急资源四大类。每一大类由其子类的属性值所限制,主要包括对象属性以及数据属性,因此当其属性发生改变时,本体的逻辑关系将发生变化。

在已有的相关研究中,没有利用本体模型的进化方法处理溃坝应急的不确定性问题。由于溃坝应急预案本体模型是通过其属性值进行关系限制的,因此为了减小溃坝应急不确定性的影响,可利用本体进化方法将不确定性进行数据的语义提取,实现溃坝应急预案本体模型的动态映射,据此根据不确定性的前提条件进行推理,优化反馈应急预案,更新本体知识库的数据信息,加强应对不确定性的能力,提高溃坝应急预案的科学性、有效性。

6.4.1　溃坝应急预案本体进化框架

通过前述本体进化方法的研究,可知本体进化的实质即为本体结构的动态调整,包括但不限于添加或移除概念、调整概念与子概念之间的关系,以及修改属性的定义等操作,这些调整旨在优化和完善本体的表达与适用性,因此需要将溃坝应急预案本体模型调整后的变化用适当的格式表示出来,但是除基本变化外,一些变化可能难以清楚表达,这时就需要以更高的层次来进行描述,使得本体变化更加可视化、直观。实际操作中,往往是将本体中的多个基本变化合成一个复合元,一些基本的复合变化如表 6.4-1 所示。

表 6.4-1　一些基本的复合变化

复合变化	变化说明
抽取子概念	将某一个概念拆分为单个的子概念,并把其属性也分配给子概念
抽取父概念	将若干不相关的概念合成一个父概念,并把共同的属性传递给父概念
抽取相关概念	抽取本体中某个概念的信息,并将其转移到另一个概念中,使两者相关联
合并概念	将若干概念按照一定的原则合成一个概念,同时合并它们下面的实例

由于本体进化极其复杂,如果一次处理多个变化必然会引起变化的相互影响,加大了处理工作量,因此,通常将本体的复合变化分解成原子变化,降低操作难度。同时,为了后续变化的管理,还需将本体变化的过程、变化次序、具体的内容以日志的形式记录。具体的本体复合元进化流程如图 6.4-1 所示。

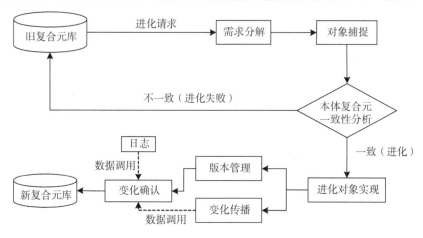

图 6.4-1　本体复合元进化流程图

（1）需求分解。获取进化请求，并将其拆分为原子变化，以利于对象捕捉。

（2）对象捕捉。在本体进化操作实施前，捕捉相关的本体概念、关系、应用与实例。

（3）本体复合元一致性分析。本体进化后，需满足复合元本体结构、逻辑和用户自定义的一致性。判别一致性，若满足就继续执行操作，若不满足则进化失败，返回最初的本体状况。

（4）进化对象实现。当通过进化后一致性的检验，就可对整个本体进行相关概念、关系等的更新操作，并将其进化内容以日志的形式记录。

（5）变化传播。当复合元发生变化后，依赖于它的本体也会产生变化，因此还需保证依赖本体的同步进化。

（6）版本管理。在进行本体进化后，一般都需要保存原本体的状态信息，这主要是为了避免一些因意外因素而取消进化的操作，保留进化前后本体内的数据信息。

（7）变化确认。进化完成后，还应确认进化操作，以防止在进化过程中可能产生的负面影响，再将进化后的复合元存到新复合元库。

6.4.2　运用步骤

根据溃坝应急预案本体进化基本框架，修改本体模型中各要素之间的逻辑关系，达到外部空间到系统内部空间的映射效果，实现溃坝应急的不确定性分析，其运用步骤如下：

（1）不确定性因素变更点捕获

按照溃坝应急预案进行应急处置，当外界的情形发生变化导致预设的方案不能实施时，准确捕获应急中的不确定性因素。捕获的对象是导致本体变更的知识、概念、关系以及实例数据等，其中本体的变更主要分为两种情况。①用户驱动的变更。由用户在实际使用过程中所出现的一些特定的需求或者其他不确定性所决定，应用系统或其他软件根据外界变化进行必要的适应性调整，导致原本体更新，由专家发现并请求变更操作。②数据驱动的变更。当溃坝应急预案初始本体中某一项指标的属性值发生变化，进而导致知识源发生改变时，就需要进行本体进化的变更请求。

对于不确定性因素变更点的捕获主要是通过分析具体需求实现的。如果变更的请求是从原本体发生的,这种情形被称为自顶向下的变更;通过对具体的应用系统进行深入分析,识别出需要进行的变更或调整,这种变更被称为自下而上的变更。

当某一不确定性因素导致当前的应急预案不适应当下情形时,可通过对实际溃坝应急处置方案的分析,针对溃坝应急的不确定性因素,捕获其变更点,明确本体的进化源。

(2)本体进化操作

当完成不确定性因素变更点的捕获后,按照其进化源,将新本体与原本体进行融合,不断获取领域内的新属性值以及概念关系,并抽取其中的术语及关系,通过矩阵融合算法融入溃坝应急预案隐性领域本体中,从而转化为显性领域本体模型。

使用本体编辑工具 Protégé 将初始应急预案的隐性领域本体转换成 OWL 形式,记为本体 O_1,而将经过变更的隐性领域本体记为 O_2。本体融合就是将 O_1 与 O_2 按照一定的规则进行合并。根据前文所创建的本体融合算法,将两个待融合的本体转化为相对应的结构矩阵,通过矩阵的融合算法计算得出融合后新本体的结构矩阵 F_n,再通过矩阵转化为本体结构形式,实现隐性领域本体进化,生成更加符合当前情形的领域本体。

上述本体转化主要基于 Matlab 将本体结构形式转化为矩阵形式,并构建本体的结构矩阵。另外,由于本体的构建没有统一标准,大多都是工程师或者用户根据实际需要去构建本体,这就会导致语法、术语、概念和语义等方面的异构问题。究其原因主要是不同数据源的元数据格式以及建模描述语言不同,以及相同数据源中描述元数据的术语和语义不同。因此还需根据转化结果,对本体中相同的类、属性、关系等进行合并,新的本体需要包含原本体中的所有有效知识,并且还需处理知识概念层次变化引起的冲突以及删除多余、重复的知识,最终生成新的本体。

(3)本体进化管理

本体进化管理需将确认后的本体进化操作进行传播与扩散,并将新生成的本体模型整合到知识库,作为数据的形式存储,文件格式主要是 XML 和 OWL。

这部分工作主要是完成本体进化后的一些操作,如对变更的本体进行创建、增加、删除等改动。本体进化管理是指不同版本在更迭过程中,后期可能需要对某些版本进行溯源或者取消等,因此需要对本体的变更过程进行管理。变更操作的传播通过数据调用进行确认,每一步的操作都需要以日志的形式记录,并存储到数据库里面,方便后期随时查看。同时,本体进化管理还提供了知识的查询和存储,为其他应用模块提供知识的支持,协助用户访问知识库中的领域本体以及为其他应用模块与知识库间的交互架好桥梁。

6.4.3　案例分析

水库大坝溃决会形成超大洪水泛滥,威胁到下游人民群众的生命财产安全,针对某土石坝上游持续暴雨导致的漫顶溃坝突发事件,设置一个虚拟的特定洪水溃决场景,进一步分析如何在复杂实景下完成溃坝应急预案本体模型的进化,实现系统动态匹配预案流程,从而做出适宜的应急调整,提高应急预案的实时性。

情景设置如下:水库上游水位持续上升,出现大量水流冲击大坝并漫坝,直至坝体溃决,溃坝后,洪水侵袭了泄洪道及沿岸建筑物,下游各级发电厂及水利设施受到破坏,下游河道流域沿岸部分村落均有不同程度的人员伤亡和财产损失,在洪水下泄的演进过程中,信息模糊及不确定情形下的灾后损失初步统计信息见表 6.4-2。

表 6.4-2　某土石坝溃决情景描述表

分级指标	情形描述
道路受损	道路交通情况良好
影响区域与范围	XX 市、YY 县、ZZ 县等部分区域
基础设施损坏	市级公路、输电(水)线路、油气管道及企业受损
伤亡人数	7
直接经济损失	0.37 亿元人民币
受灾人口	坝后及下游沿岸居住人员 35 万人
自然与文化景观	省市级自然与文化景观遭到破坏
动植物栖息地	国家二、三级保护动植物及其生存环境遭到破坏
河道形态	中小河流被严重破坏
城镇	乡镇遭到破坏
预计恢复期限	90 天

　　根据上述溃坝情景描述表,分析、判断危害情况,预测风险程度,选取最大危害后果;根据系统内应急预案本体知识的智能匹配,启动Ⅲ级应急响应,决策人员根据系统预测结果进行有序的应急处置。

　　随着事件的发展,一些不确定性因素会使当前应急方案不能很好地适应动态环境的变化,无法起到指导应急的作用,其效果大打折扣。根据第5章所建溃坝应急预案隐性领域本体可知,致使应急预案产生偏差的不确定性因素主要有撤离时间、溃坝后果、溃坝洪水和应急资源。假设在上述溃坝突发事件中,使得应急方案产生偏差的不确定性因素为撤离时间,而其余几项未发现变化,则为了能够应对撤离时间的不确定性需做出相应的溃坝应急预案调整,首先从第5章中所建的隐性本体模型OWL格式中抽取出部分概念,此处只需抽出包含撤离时间的类及其关系即可,保留IsA关系,构成初始情形下的本体结构,记作$O_{初始}$,其结构见图6.4-2。

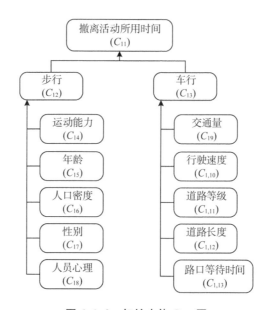

图6.4-2　初始本体$O_{初始}$图

　　其次,通过分析和数据的反馈,了解到影响受灾人员步行撤离的运动能力因素与预先假定有很大的出入,且受到人群组成不确定性因素的影响,此时将待融合的本体记作$O_{待}$,其结构见图6.4-3。

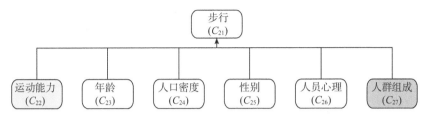

图 6.4-3　待融合本体 $O_{待}$ 图

再次,根据上节中本体结构矩阵的定义,可得出在自然遍历方式下 $O_{初始}$ 与 $O_{待}$ 的本体结构矩阵分别为 F_1 和 F_2:

$$F_1 = \begin{bmatrix} 0 & 1 & 0 & 0 & 0 & 0 & 0 & 1 & 0 & 0 & 0 & 0 & 0 \\ 0 & 0 & 1 & 1 & 1 & 1 & 1 & 0 & 0 & 0 & 0 & 0 & 0 \\ 0 & 0 & 0 & 0 & 0 & 0 & 0 & 0 & 0 & 0 & 0 & 0 & 0 \\ 0 & 0 & 0 & 0 & 0 & 0 & 0 & 0 & 0 & 0 & 0 & 0 & 0 \\ 0 & 0 & 0 & 0 & 0 & 0 & 0 & 0 & 0 & 0 & 0 & 0 & 0 \\ 0 & 0 & 0 & 0 & 0 & 0 & 0 & 0 & 0 & 0 & 0 & 0 & 0 \\ 0 & 0 & 0 & 0 & 0 & 0 & 0 & 0 & 0 & 0 & 0 & 0 & 0 \\ 0 & 0 & 0 & 0 & 0 & 0 & 0 & 0 & 1 & 1 & 1 & 1 & 1 \\ 0 & 0 & 0 & 0 & 0 & 0 & 0 & 0 & 0 & 0 & 0 & 0 & 0 \\ 0 & 0 & 0 & 0 & 0 & 0 & 0 & 0 & 0 & 0 & 0 & 0 & 0 \\ 0 & 0 & 0 & 0 & 0 & 0 & 0 & 0 & 0 & 0 & 0 & 0 & 0 \\ 0 & 0 & 0 & 0 & 0 & 0 & 0 & 0 & 0 & 0 & 0 & 0 & 0 \\ 0 & 0 & 0 & 0 & 0 & 0 & 0 & 0 & 0 & 0 & 0 & 0 & 0 \end{bmatrix}_{13 \times 13} \qquad (6.4\text{-}1)$$

$$F_2 = \begin{bmatrix} 0 & 1 & 1 & 1 & 1 & 1 & 1 \\ 0 & 0 & 0 & 0 & 0 & 0 & 0 \\ 0 & 0 & 0 & 0 & 0 & 0 & 0 \\ 0 & 0 & 0 & 0 & 0 & 0 & 0 \\ 0 & 0 & 0 & 0 & 0 & 0 & 0 \\ 0 & 0 & 0 & 0 & 0 & 0 & 0 \\ 0 & 0 & 0 & 0 & 0 & 0 & 0 \end{bmatrix}_{7 \times 7} \qquad (6.4\text{-}2)$$

接着,根据本体进化运算规则,初始本体结构与待融合的本体结构中相同的概念数目在两个以上,故按照 Merge 算法计算,融合后的本体结构矩阵为 $\boldsymbol{F}_{\text{new}}$:

$$\boldsymbol{F}_{\text{new}} = \begin{bmatrix} 0 & 1 & 0 & 0 & 0 & 0 & 0 & 0 & 0 & 1 & 0 & 0 & 0 & 0 \\ 0 & 0 & 1 & 1 & 1 & 1 & 1 & 1 & 0 & 0 & 0 & 0 & 0 & 0 \\ 0 & 0 & 0 & 0 & 0 & 0 & 0 & 0 & 0 & 0 & 0 & 0 & 0 & 0 \\ 0 & 0 & 0 & 0 & 0 & 0 & 0 & 0 & 0 & 0 & 0 & 0 & 0 & 0 \\ 0 & 0 & 0 & 0 & 0 & 0 & 0 & 0 & 0 & 0 & 0 & 0 & 0 & 0 \\ 0 & 0 & 0 & 0 & 0 & 0 & 0 & 0 & 0 & 0 & 0 & 0 & 0 & 0 \\ 0 & 0 & 0 & 0 & 0 & 0 & 0 & 0 & 0 & 0 & 0 & 0 & 0 & 0 \\ 0 & 0 & 0 & 0 & 0 & 0 & 0 & 0 & 0 & 0 & 0 & 0 & 0 & 0 \\ 0 & 0 & 0 & 0 & 0 & 0 & 0 & 0 & 0 & 1 & 1 & 1 & 1 & 1 \\ 0 & 0 & 0 & 0 & 0 & 0 & 0 & 0 & 0 & 0 & 0 & 0 & 0 & 0 \\ 0 & 0 & 0 & 0 & 0 & 0 & 0 & 0 & 0 & 0 & 0 & 0 & 0 & 0 \\ 0 & 0 & 0 & 0 & 0 & 0 & 0 & 0 & 0 & 0 & 0 & 0 & 0 & 0 \\ 0 & 0 & 0 & 0 & 0 & 0 & 0 & 0 & 0 & 0 & 0 & 0 & 0 & 0 \\ 0 & 0 & 0 & 0 & 0 & 0 & 0 & 0 & 0 & 0 & 0 & 0 & 0 & 0 \end{bmatrix}_{14 \times 14} \qquad (6.4\text{-}3)$$

最后,由 Merge 融合算法可得融合后的本体结构 O_{new},其结构如图 6.4-4 所示,其中,新出现的概念用黄色表示,橙色代表该知识概念并未改变,只是其类的属性值发生变化。

综上所述,在新的本体中,将本体 $O_{\text{初始}}$ 中的根概念"撤离活动所用时间"作为新本体的根概念,将位于同一层且具有相同上位概念的"年龄""人口密度""性别""人员心理"等概念进行合并,扩充"人群组成"这个新的概念知识,且其概念关系得到继承,最终得到更加完备的本体结构。同时,其结构形式与之前也是一致的,实现了溃坝应急预案本体模型的进化。

可见,溃坝应急预案本体模型并非固定不变,而是可根据具体情况运用本体进化方法灵活调整。通过该方法,我们能够有效分析溃坝应急管理中不确定性因素的影响,并对本体模型进行针对性的修改,以增强其指向性、定向性和精准性。这一进化过程不仅涉及本体逻辑结构的调整,还包括类组成元素的增减或程度变化,这些变化最终都将反映在预案指令的更新上。利用此策略,我们能够实现复杂实际场景下的应急决策动态优化,从而显著提高对溃坝应急不确定性事件的应对能力。

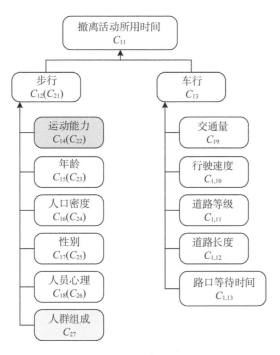

图 6.4-4 融合后的本体结构图

7

结语与展望

7.1 结语

水库大坝溃决突发事件应急是一个涉及多学科、多工种的复杂的大系统问题。在这个背景下,对本体模型与本体进化机制的研究为其提供了一个有力的解决方案。

第一,本体模型作为一种知识表示和推理的工具,可以在水库大坝溃决应急管理中提供全面、准确的知识支持。通过将各类溃坝应急相关知识进行抽象和建模,本体模型能够构建一个结构化的知识库,将知识与实际情况进行关联,为应急管理人员提供全面的决策支持。本体模型的推理功能能够帮助决策者理解应急情况,预测事件的演化阶段和影响范围,从而制定相应的应急方案。

第二,对本体进化机制的研究为应急管理提供了动态更新和优化的手段。通过不断扩充和优化本体模型的概念、规则与实例数据,本体进化机制可以保持本体模型与实际情况的同步,使本体模型适应不断变化的应急场景。这种动态更新可基于最新的数据和信息,使本体模型具有更高的准确性和适应性,为应急管理提供即时、灵活的支持。

通过本书的深入探讨,我们不仅全面了解了本体模型在溃坝应急管理中的重要性和潜力,而且认识到本体模型在这个领域中扮演着知识表示和推理的关键角色。作为一种强大的工具,本体模型能够为应急管理人员提供全面且准确的知识支持,帮助他们做出更加明智的决策与行动。在实践中,本体模型的应用将带来诸多益处。首先,它可以整合并统一溃坝应急管理中的各类知识,为应急管理人员提供高质量的应急管理知识;其次,本体模型的推理功能能够帮助决策者更好地理解应急情况,预测可能造成的影响和后果,并快速制定有效的应对策略;最后,通过与实时数据的融合,本体模型可以支持实时监测和评估,使应急管理人员能够及时作出反应。

在本书中,我们重点介绍了本体进化机制在溃坝应急管理中的应用。通过持续地扩充和优化本体模型的概念、规则与实例数据,我们能够使本体模型与实际情况保持同步,并为应急管理提供及时、灵活的支持。本体进化机制不仅可以适应不断变化的应急场景,还可以进一步提高本体模型的智能性和适应性。

综上所述,对本体模型与本体进化机制的研究对水库大坝溃决突发事件的应急管理具有重要作用。它们通过知识表示、推理和动态更新等功能,为应急管理人员提供全面、准确的知识支持,并帮助应急管理人员应对不断变化的应急情况。这种融合应用能够提高应急管理的效率和智能化水平,保障人民群众的生命财产安全。未来,我们可以进一步研究和完善本体模型与本体进化机制的应用体系,推动水库大坝溃决突发事件的应急管理工作取得更大的进展。

7.2 展望

水库大坝溃决突发事件应急是一个错综复杂的大系统问题,涵盖多学科领域与多工种,我们期待进一步完善本体模型在溃坝应急管理中的应用体系。通过结合机器学习和自然语言处理等前沿技术,提高本体模型的自动化生成和维护能力。同时,对本体进化机制的研究将进一步加强本体模型与其他智能技术的集成,例如,物联网和大数据分析,以提升溃坝应急管理的效率和智能化水平。但由于水库大坝溃决应急管理的不确定性和应急过程的复杂性,对相关问题的研究还有待进一步完善。

(1)在溃坝应急预案本体模型的构建方面,可以进一步拓展和丰富预案的概念与关系,以更好地适应不同的溃坝情景和应对需求。可以考虑引入更多的领域知识和专家经验,对预案的规模和复杂性进行进一步优化,提高预案的实用性和可操作性。此外,可以探索多模态和跨语言的本体构建方法,以便更好地满足多样化的应急管理需求。

(2)在本体进化机制的研究方面,可以进一步提高本体模型的自动化生成和维护能力。可以借助机器学习和自然语言处理等技术,以数据驱动的方式进行本体更新和扩展,从而建立一个更加动态和精准的本体模型。同时,可以研究本体模型的演化规律和机制,以便更好地适应应急管理中的变化与不确定性,从而提高应急预案的响应速度和敏捷性。

(3)将本体模型与其他智能技术结合起来,可以进一步提升应急管理的能力和效果。例如,结合物联网技术,可以实时获取数据和信息,为本体模型提供更精准的输入和更新功能;结合大数据分析,可以从海量数据中挖掘潜在的应急模式和规律,为决策提供更全面的支持;结合虚拟现实和增强现实技术,可以提供更直观和沉浸式的应急培训与仿真环境,提高实战能力和协同应对能力。

(4)溃坝应急处置过程涉及海量多源异构信息的融合问题,下一步需提升数据库信息的深度融合能力与开展可视化的理论方法分析,实现对溃坝应急处置中多源信息的透彻感知与智能分析。还需整合不同来源的数据,包括监测数据、模拟数据和实时数据等,结合本体模型进行综合分析和预测。通过使用本体模型的数据整合功能,实现对溃坝应急情况的全面感知和实时监测,提高信息的及时性和准确性。

(5)为支持应急管理人员做出更好的决策,在溃坝应急领域中,知识库的完善是至关重要的。溃坝应急领域的知识一直在不断演化和更新,因此,知识库的维护应当是一个持续的过程。及时更新和补充新的应急管理知识,如新的溃坝案例、技术发展情况、应急管理经验等,以确保知识库的准确性和时效性。

总之,溃坝应急预案本体模型构建及其进化机制的研究有着广阔的前景。通过不断完善本体模型的构建方法和进化机制,结合其他智能技术的发展与应用,能够提升溃坝应急管理的能力和水平,为应急决策提供更准确、及时的支持,最终实现对突发事件的快速响应和有效处置,保障人民群众的生命安全和财产安全。

参考文献

［1］中华人民共和国水利部. 2023 年全国水利发展统计公报［M］. 北京：中国水利水电出版社，2024.

［2］盛金保，厉丹丹，龙智飞，等. 水库大坝风险及其评估与管理［M］. 南京：河海大学出版社，2019.

［3］盛金保，厉丹丹，蔡荨，等. 大坝风险评估与管理关键技术研究进展［J］. 中国科学：技术科学，2018,48(10):1057-1067.

［4］水利部大坝安全管理中心. 全国水库垮坝登记册［R］. 南京：水利部大坝安全管理中心，2020.

［5］何晓燕，王兆印，黄金池，等. 中国水库大坝失事统计与初步分析［C］//中国水利学会. 中国水利学会 2005 学术年会论文集：水旱灾害风险管理，2005:329-338.

［6］李东法，付新. 板桥水库抗洪抢险及失事过程［J］. 中国防汛抗旱，2005(3):22-24.

［7］本刊编辑部. 筑牢水库大坝安全的"立体护栏"［J］. 中国水利，2018(20):3.

［8］向衍，盛金保，袁辉，等. 中国水库大坝降等报废现状与退役评估研究［J］. 中国科学：技术科学，2015,45(12):1304-1310.

［9］盛金保. 小型水库大坝安全与管理问题及对策［J］. 中国水利，2008(20):48-50,52.

［10］魏山忠. 新时期长江防洪减灾方略［J］. 人民长江，2017,48(4):1-7.

［11］孙金华. 我国水库大坝安全管理成就及面临的挑战［J］. 中国水利，2018(20):1-6.

［12］张建云，盛金保，蔡跃波，等. 水库大坝安全保障关键技术［J］. 水利水电技术，2015,46(1):1-10.

［13］丁志飞.基于本体的应急预案仿真演练系统设计与实现［D］.南京:南京大学,2018.

［14］赵婷.突发事件应急预案智能管理与应用系统构建研究［D］.南京:南京邮电大学,2014.

［15］贺顺德,张志红,崔鹏,等.水库大坝安全管理应急预案编制实践和思考［J］.中国水利,2019(12):33-36,25.

［16］张祎,郭绍永,庞婷."云大物移智"趋势下城市应急指挥信息化建设发展研究［J］.中国管理信息化,2022,25(14):202-204.

［17］牟明福.发达国家应急管理理念探析［J］.中共贵州省委党校学报,2015(2):100-105.

［18］董琳.美国联邦紧急事务管理局［J］.中华灾害救援医学,2014,2(2):54.

［19］PARISI V R. Federal Emergency Management Agency (FEMA)［J］. Encyclopedia of Natural Hazards，2013：321-322.

［20］SIDDIQUE S. Social vulnerability and earthquake impact modeling in Federal Emergency Management Agency (FEMA) region IV (southeast of the U. S.)［J］. 2018.

［21］吴大明.美国联邦应急管理规划分析研究与发展趋势(下)［J］.劳动保护,2018(8):97-99.

［22］SCHARTUNG C T，LESALES T，HUMAN R J，et al. Crossing paths：trend analysis and policy review of highway-rail grade crossing safety［J］. Journal of Homeland Security ＆ Emergency Management，2011，8(1):1-17.

［23］黎伟,蔡冠华.美国应急预案体系对我国的启示［J］.安全,2013,34(11):17-20.

［24］REN M，YANG F. Research on emergency plan ontology model［J］. Advanced Materials Research，2012，488-489:1288-1292.

［25］ROSS A，LITTLE M M. Geographic information system technology leveraged for crisis planning, emergency, response, and disaster management［J］. Journal of Clinical Oncology, 2012，30(34):4223-4232.

［26］HERNANDEZ-ESCOBEDO Q，FERNANDEZ-GARCIA A，MANZANO-AGUGLIARO F. Solar resource assessment for rural electrification and industrial development in the Yucatan Peninsula (Mexico)[J]. Renewable & Sustainable Energy Reviews, 2017, 76:1550-1561.

[27] HOSSEINIPOUR E Z, TRUSHINSKI B, SU Y S. ARkStorm Ⅱ: a hydraulic modeling and flood inundation mapping effort on Santa Clara River for emergency planning exercises by local responders in Ventura County, CA[C]//World Environmental and Water Resources Congress, 2013:1669-1680.

[28] 清华大学美国应急平台考察团. 美国应急平台及其支撑体系考察报告[J]. 中国应急管理,2008(1):50-53.

[29] 李宏. 美国突发事件管理系统(NIMS)的启示与借鉴[J]. 中国人民公安大学学报(社会科学版),2014,30(6):96-102.

[30] REESE S, TONG L H. Federal building and facility security[C]//Library of Congress. Congressional Research Service, 2010.

[31] 宋雄伟. 英国应急管理体系中的社区建设[J]. 公共管理研究,2013(1):53-55.

[32] 黄燕芬,韩鑫彤,杨泽坤,等. 英国防灾减灾救灾体系研究(上)[J]. 中国减灾,2018(21):58-61.

[33] 黄燕芬,韩鑫彤,杨泽坤,等. 英国防灾减灾救灾体系研究(下)[J]. 中国减灾,2018(23):60-61.

[34] 张超,裴玉起,邱华. 国内外数字化应急预案技术发展现状与趋势[J]. 中国安全生产科学技术,2010,6(5):154-158.

[35] RENNE J L. Emergency evacuation planning policy for carless and vulnerable populations in the United States and United Kingdom[J]. International Journal of Disaster Risk Reduction, 2018,31:1254-1261.

[36] CHEN H T. The construction of emergency linkage system for environmental emergencies[J]. China Safety Science Journal, 2009.

[37] 田为勇,闫景军,李丹. 借鉴英国经验强化我国部门间环境应急联动机制建设的思考[J]. 中国应急管理,2014(10):18-21.

[38] 林炜炜,王庆燕. 应急管理与科技创新协同发展研究[J]. 中国应急管理,2019(3):44-46.

[39] 凌学武,庄汉武. 德国应急管理培训的特点及对我国的启示[J]. 行政与法,2010(2):16-18.

[40] CAO J,ZHU L,HAN H,et al. Basic principles for emergency management[J]. Modern Emergency Management,2018(3):103-143.

[41] 邵瑜,Ingo Bäumer. 德国的危机预防信息系统[J]. 信息化建设,2005(8):46-48.

[42] FROHMAN L. Network euphoria,super-information systems and the West German Plan for a national database system[J]. German History,2020,38(2):311-337.

[43] 贾倩,於方,曹国志,等. 中日灾害应急体系比较分析[C]//中国毒理学会灾害与应急毒理学专业委员会. 中国毒理学会灾害与应急毒理学专业委员会第一次全国学术交流会论文摘要,2016:217.

[44] 樊丽平,赵庆华. 美国、日本突发公共卫生事件应急管理体系现状及其启示[J]. 护理研究,2011,25(7):569-571.

[45] GARDIJAN M,KRIŠTO J. Efficiency of mutual funds in Croatia:a DEA-based approach applied in the pre-crisis,crisis and post crisis period[J]. Croatian Operational Research Review,2017,8(1):77-92.

[46] Zhou F M. Enhancing conversion efficiency of dye-sensitized solar cells by synthesis of highly ordered titania structures and judicious selection of redox couples[J]. Journal of Financial Economic Policy,2012,4(4):320-339.

[47] LEISS M,NAX H H,SORNETTE D. Super-exponential growth expectations and the global financial crisis[J]. Journal of Economic Dynamics and Control,2015,55:551-13.

[48] 申振东,郭勇,张罗娜. 关于我国公共危机管理的思考——基于近三年60起典型突发事件的分析[J]. 贵州社会科学,2016(6):70-75.

[49] 肖献法. 积极应对突发公共事件,创建经济与社会安全环境——我国应急管理体系正在趋于完善[J]. 商用汽车,2012(4):31-33.

[50] 凌玉,陈发钦. 我国突发公共卫生事件应急管理存在的问题和对策[J]. 中国公共卫生管理,2012,28(2):189-191.

[51] 聂绍发,吴亚琼,黄淑琼,等. 我国卫生应急决策机制研究现状(二)[J]. 公共卫生与预防医学,2012,23(2):1-3.

[52] 张超,裴玉起,邱华. 国内外数字化应急预案技术发展现状与趋势[J]. 中国安全生产科学技术,2010,6(5):154-158.

[53] 马莉. 本体的煤矿数字化应急预案系统研究[J]. 西安科技大学学报,2014,34(2):216-223.

[54] 戈悦迎,寇有观,金江军,等. 大数据时代下城市应急管理发展之路[J]. 中国信息界,2014(1):56-65.

[55] 王晓航,盛金保,张士辰,等. 水库大坝安全管理应急预案编制的经验与建议[J]. 中国水利,2018(20):28-30,27.

[56] 王淑婷. 结构功能主义视角下的我国机构改革研究[D]. 大连:东北财经大学,2018.

[57] 李嘉曾. 防控疫情呼唤提升社会治理水平[J]. 群言,2020(4):11-14.

[58] 代伟. 群集应急疏散影响因素及时间模型研究[D]. 长沙:中南大学,2012.

[59] 贾永江,赵建涛,高昆. 服务型政府视角下的县级政府应急管理平台建设[J]. 领导科学,2011(14):21-22.

[60] 陆娟,吴伟. 城市重大突发事件应急处置平台建设分析[J]. 警察技术,2014(2):44-46.

[61] 钟建宏. 加强应急管理专家组建设 提高科学应对突发事件能力[J]. 中国应急管理,2011(1):38-40.

[62] 刘畅,谢红薇,杜冬霞. 基于语义 Web 服务的数字化应急预案检索系统框架[J]. 电脑开发与应用,2010,23(1):4-7.

[63] 陈海洋,滕彦国,王金生,等. 环境应急指挥平台研究[J]. 环境科学与技术,2011,34(7):175-179,194.

[64] 长江科学院空间信息技术应用研究所"长江水利突发事件应急管理智能响应系统研究"项目获大禹水利科技三等奖[J]. 长江科学院院报,2013,30(1):101.

[65] 吕雪,凌捷. 基于 J2EE 架构的信息安全应急预案管理系统研究与实现[J]. 计算机工程与设计,2013,34(4):1197-1201,1237.

[66] 孟川舒,何书堂,胡召华,等. 铁路局应急平台总体设计及关键技术[J]. 铁

路计算机应用,2014,23(4):1-4,8.

[67] 郑国军,史继辉.电力应急预案的动态生成与应急系统的研究[J].科技资讯,2015,13(23):35-36,38.

[68] 李文峰,冯永明,唐善成.互联网＋矿山应急救援技术研究[J].煤炭科学技术,2016,44(7):59-63.

[69] 刘君,胡伟超,孙广林.公路突发事件应急预案自动生成系统开发及应用[J].中国安全生产科学技术,2017,13(10):53-58.

[70] 张莹,郭红梅,尹文刚,等.面向县(市)的地震应急处置辅助决策系统研究[J].中国安全生产科学技术,2019,15(10):127-133.

[71] 孙延浩,张琦,张芸鹏.基于模糊层次分析法和证据推理的铁路应急预案评价研究[J].中国安全生产科学技术,2020,16(1):123-129.

[72] 颜鹏.自然灾害应急管理中基层政府与社会组织的协同研究——以阜宁"6·23风灾"为例[D].南京:南京工业大学,2022.

[73] 方伟华,王军,殷杰,等.多灾种重大灾害情景构建与动态模拟有效支撑灾害风险评估与防范[J].中国减灾,2022(7):19-22.

[74] VIKTOR S G, TOBIA S A G, SOFIE P, et al. Identifying decision support needs for emergency response to multiple natural hazards: an activity theory approach[J]. Natural Hazards, 2024, 120(3): 2777-2802.

[75] LAHIRI S, SNOWDEN B, GU J Y, et al. Multidisciplinary team processes parallel natural disaster preparedness and response: a qualitative case study [J]. International Journal of Disaster Risk Reduction, 2021, 61: 102369.

[76] HABIB S, AFNAN Z, CHOWDHURY S A, et al. Design and development of IoT based accident detection and emergency response system [C]//Proceedings of the 2020 5th International Conference on Cloud Computing and Internet of Things, 2020: 35-42.

[77] 田鑫,万德成.MPS方法数值模拟土石坝溃决流动[J].水动力学研究与进展(A辑),2018,33(3):322-328.

[78] SUN R R, WANG X L, ZHOU Z Y, et al. Study of the comprehensive risk analysis of dam-break flooding based on the numerical simulation of flood routing. Part I: model development[J]. Natural Hazards,2014,73(3):1547-1568.

［79］SIMSEK O，ISLEK H. 2D and 3D numerical simulations of dam-break flow problem with RANS，DES，and LES［J］. Ocean Engineering，2023，276：114298.

［80］何标. 我国土石坝坝体渗漏与漫顶溃决风险分析研究［D］. 北京：清华大学，2019.

［81］刘嘉欣，阎志坤，钟启明，等. 尾矿库漫顶溃坝机理与溃坝过程数值模拟［J］. 中南大学学报（自然科学版），2022，53（7）：2694-2708.

［82］张士辰，李宏恩. 近期我国土石坝溃决或出险事故及其启示［J］. 水利水运工程学报，2023（1）：27-33.

［83］杨彦龙，沈海尧，黄维. 混凝土坝破坏模式及溃口几何参数探讨［J］. 大坝与安全，2022（3）：1-9.

［84］International Commission on Large Dams（ICOLD）. ICOLD Committee on Dam Failures（Committee ANCOLD/ICOLD）［EB/OL］. https：//www. icold-cigb. org/.

［85］International Hydropower Association（IHA）. Emergency preparedness and response［EB/OL］. https：//www. hydropower. org/emergency-pre-paredness-and-response.

［86］俞宣孟. 本体论研究［M］. 上海：上海人民出版社，2005.

［87］SENSOY M，YOLUM P. Ontology-based service representation and selection［J］. IEEE Transactions on Knowledge & Data Engineering，2017，19（8）：1102-1115.

［88］MOHANRAJ V，CHANDRASEKARAN M. An ontology based approach to implement the online recommendation system［J］. Journal of Computer Sciences，2011，7（4）：573-581.

［89］YANG B. Construction of logistics financial security risk ontology model based on risk association and machine learning［J］. Safety Science，2020，123：104437.

［90］LEE Y Y，KE H，YEN T Y，et al. Combining and learning word embedding with WordNet for semantic relatedness and similarity measurement［J］. Journal of the Association for Information Science and Technology，2020，71(6)：657-670.

[91] LHIOUI C，ZOUAGHI A，ZRIGUI M. A rule-based semantic frame annotation of arabic speech turns for automatic dialogue analysis[J]. Procedia Computer Science，2017，117：46-54.

[92] YANG H Y，LU L，CAO K C，et al. Consensus of multi-agent systems with prestissimo scale-free networks[J]. Communications in Theoretical Physics，2010，53(4)：787-792.

[93] KAKLANIS N，VOTIS K，GIANNOUTAKIS K，et al. A semantic framework for assistive technologies description to strengthen UI adaptation[C]//International Conference on Universal Access in Human-Computer Interaction. Springer International Publishing，2014：236-245.

[94] DRIS A S，LEHERICEY F，Gouranton V，et al. OpenBIM based IVE ontology：an ontological approach to improve interoperability for virtual reality applications[J]. Advances in Informatics and Computing in Civil and Construction Engineering，2018：129-136.

[95] LUO L Y，TONG L，ZHOU X X，et al. Evaluating the granularity balance of hierarchical relationships within large biomedical terminologies towards quality improvement[J]. Journal of Biomedical Informatics，2017，75：129-137.

[96] IBRAHIM A A，SALMAN N. Multi-Lingual Ontology Server (MOS) for discovering Web services[J]. Computer science，2015，3(4)：18-22.

[97] 蒲浩,严基团,李伟,等. 面向铁路站场平面数字化设计系统的本体建模研究[J]. 铁道科学与工程学报,2018,15(1)：220-225.

[98] GAMALIELSSON J，LUNDELL B. On organisational involvement and collaboration in W3C standards through editorship[J]. Journal of Internet Services and Applications,2017,8(1)：1-26

[99] 戎军涛. 基于本体的学科知识门户语义检索机制研究[J]. 情报科学,2016,34(6)：47-51,62.

[100] TOMASEVIC N M，BATIC M C，BLANES L M，et al. Ontology-

based facility data model for energy management[J]. Advanced Engineering Informatics, 2015, 29(4):971-984.

[101] CHEN S N, WEN J F, ZHANG R C. GRU-RNN based question answering over knowledge base[J]. Knowledge Graph and Semantic Computing:Semantic, knowledge and Linked Big Data, 2016,650:80-91.

[102] BELILA K, KAZAR O, MEFTAH M C E. Automated word sense disambiguation using wordnet ontology[J]. International Journal of Organizational and Collective Intelligence, 2022,12(1):88-105.

[103] 朱佳. 基于本体与关联规则的煤矿监控预警模型的设计与研究[D]. 淮南:安徽理工大学,2019.

[104] 姜德阳. 语义万维网及本体描述语言研究[J]. 青年科学(教师版),2014,35(12):295.

[105] 吕爽. 基于叙词表的医学领域本体的构建研究[D]. 长春:吉林大学,2011.

[106] 肖俊. 基于本体的石化企业数学知识管理研究[D]. 杭州:浙江大学,2015.

[107] 付举磊,刘文礼,郑晓龙,等. 基于文本挖掘和网络分析的"东突"活动主要特征研究[J]. 自动化学报,2014(11):2456-2468.

[108] 张国亮,王钰,王展妮,等. 面向松耦合服务的机器人集成框架及应用研究[J]. 小型微型计算机系统,2018,39(4):651-656.

[109] 彭艳斌,高济,余洪刚. 引入任务情景的服务发现方法[J]. 计算机工程,2010,36(17):10-12.

[110] 陈刚,陆汝钤,金芝. 基于领域知识重用的虚拟领域本体构造[J]. 软件学报,2003,14(3):350-355.

[111] 施心悦,鲁扬扬,李戈,等. 按需动态组织的知件库系统[J]. 计算机科学与探索,2015,9(6):660-668.

[112] 中国科学院计算技术研究所发布深度文本匹配开源工具 MatchZoo[J]. 数据分析与知识发现,2018,2(2):10.

[113] 阳广元. 国内基于本体的知识检索研究综述[J]. 图书馆工作与研究,

2015(6):18-21,25.

[114] JIN Z, LU R Q, BELL D A. Automatically multi-paradigm requirements modeling and analyzing: an ontology-based approach[J]. Science in China (Series F): Information Sciences, 2003, 46(4):279-297.

[115] 牟克典,金芝,陆汝钤. 非规范软件需求管理[J]. 电子学报,2004(S1): 247-250,221.

[116] 金芝,陆汝钤,BELL D A. 多范例自动需求建模和分析:一种基于本体的方法[J]. 中国科学:技术科学,2003(4):297-312.

[117] 郭路生,刘春年,魏诗瑶,等. 基于领域分析和本体的应急决策情报需求识别研究[J]. 情报杂志,2019,38(1):48-53.

[118] 李景. 领域本体的构建方法与应用研究[D]. 北京:中国农业科学院,2009.

[119] 孙艳川. 基于变更历史日志扩展的本体映射进化研究[D]. 兰州:西北师范大学,2014.

[120] MAEDCHE A. Ontology learning for the semantic web[M]. Dort: Kluwer Academic Publishers,2002.

[121] STOJANOVIC L, MAEDCHE A, MOTIK B, et al. User-driven ontology evolution management[J]. Knowledge Engineering and Knowledge Management:Ontologies and the Semantic Web, 2002,2473:285-300.

[122] GARCIA E. Latent semantic indexing (LSI): a fast track tutorial[Z]. 2006.

[123] BENOMRANE S, AYED M B, ALIMI A M. An agent-based knowledge discovery from databases applied in healthcare domain[C] //International Conference on Advanced Logistics and Transport, 2013:176-180.

[124] 马文峰,杜小勇. 领域本体进化研究[J]. 图书情报工作,2006(6):71-75.

[125] 蓝永胜,石崇德. 基于语言分析技术的本体自动获取方法研究[J]. 图书情报工作,2006(9):22-25.

[126] 刘紫玉,黄磊,杨明欣,等. 基于模块化本体的协同进化方法研究[J]. 情报杂志,2013,32(10):131-135.

[127] 孙艳川,南振岐,吴朱军,等.基于改变历史日志扩展的本体映射进化研究[J].科学技术与工程,2014,14(7):257-260.

[128] 刘莹.基于本体进化和知识检索联动的知识管理系统[J].情报科学,2016,34(4):62-67.

[129] 王琦,周紫云,丁国柱,等.本体可视化构建与进化系统的设计和架构[J].电化教育研究,2018,39(2):60-66.

[130] 李尧远,马胜利,郑胜利.应急预案管理[M].北京:北京大学出版社,2013.

[131] 中华人民共和国水利部.水库大坝安全管理应急预案编制导则:SL/Z 720—2015[S].北京:中国水利水电出版社,2015.

[132] FREAD D L. BREACH, an erosion model for earthen dam failures [M]. United States: Hydrologic Research Laboratory, National Weather Service, NOAA, 1988.

[133] 孙依,王洁,丁曼,等.基于MIKE模型的中小河流洪水风险分析[J].中国农村水利水电,2020(6):40-45.

[134] NECHES R, FIKES R, FININ T, et al. Enabling technology for knowledge sharing[J]. AI Magazine,1991,12(3):36-56.

[135] GRUBER T R. A translation approach to portable ontology specifications[J]. Knowledge Acquisition, 1993, 5(2):199-220.

[136] STUDER R, BENJAMINS V R, FENSEL D. Knowledge engineering: principles and methods[J]. Data & Knowledge Engineering, 1998, 25(1-2): 161-197.

[137] 刘振峰.教育资源本体构建与检索研究[J].课程教育研究,2016(31):2-3.

[138] 唐守利.基于本体的云服务语义检索模型研究[D].长春:吉林大学,2016.

[139] 张晓丹,李静,张秋霞,等.语义Web本体语言OWL2研究[J].电子设计工程,2015,23(16):28-31.

[140] 李景.万维网联盟(W3C)[J].中国标准化,2017(9):122-124.

[141] TAYE M M. The state of the art: ontology web-based languages: XML based[J]. Computer Science, 2010,2(6):166-176.